乡村景观评价及规划

林方喜 著

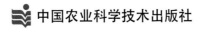
中国农业科学技术出版社

图书在版编目（CIP）数据

乡村景观评价及规划 / 林方喜著 . — 北京：中国农业
科学技术出版社，2020.6
　ISBN 978-7-5116-4776-4

　Ⅰ . ①乡… Ⅱ . ①林… Ⅲ . ①景观—乡村规划—研究—
福建 Ⅳ . ① TU982.2

　中国版本图书馆 CIP 数据核字（2020）第 091213 号

责任编辑　李　雪　徐定娜
责任校对　贾海霞

出 版 者　中国农业科学技术出版社
　　　　　北京市中关村南大街 12 号　邮编：100081
电　　话　（010）82105169（编辑室）（010）82109702（发行部）
　　　　　（010）82109709（读者服务部）
传　　真　（010）82109707
网　　址　http://www.castp.cn
发　　行　各地新华书店
印 刷 者　北京科信印刷有限公司
开　　本　787 mm×1 092 mm　1/16
印　　张　8.25
字　　数　186 千字
版　　次　2020 年 6 月第 1 版　2020 年 6 月第 1 次印刷
定　　价　68.00 元

前　言

乡村景观形态丰富，尺度多样，对人们的生产和生活已显得越来越重要。乡村景观规划不仅要关注乡村建筑，还应该关注农田、林地等景观要素，它涉及美学，产业和生态等方面，只有综合考虑这些因素，集成多学科知识与技术，才能营造出诗意的乡村，从而推动乡村地区可持续发展。

福建省位于中国东南部，既有绿水青山，又有碧海蓝天，是中国景观多样性最丰富的地区之一。山海川岛的地形造就了多变的空间，温暖湿润的气候孕育了葱郁的植被，勤劳智慧的人民创造了灿烂的文化。

本书介绍了一些国外的乡村景观，希望能带来一些启示，主要内容则以福建省内的乡村景观为对象，分析了聚落景观、色彩景观和农业景观，并选入了一些乡村景观评价和规划案例，希望能对乡村景观规划专业技术人员及相关人士有所参考。由于水平与时间有限，内容难免有疏漏之处，敬请广大读者指正。

本书获得了福建省属公益类科研院所基本科研专项（2019R1032-3）和福建省农业科学院学术著作出版基金的支持，参考引用了相关领域专家的著作和文章，从中受到许多的启迪与帮助；在照片拍摄、图片处理、规划设计、资料收集等方面得到了张燕青、陈阳、陈艺荃、魏宾斌等同仁的大力协助；此外宋经、李国煊、林盛洪、刘玲、鲜国建、黄德勇等友人也为本书提供了一些优美的照片，在此一并表示感谢。

林方喜

2019 年 12 月

目 录

1

乡村景观

1.1　景　观

《欧洲景观公约》将景观定义为"一片被人们所感知的区域，该区域有别于其他区域的特征，是人与自然的活动或互动的结果"（凯瑞斯·司万维克，2006）。

洪堡的"宇宙"仍然是全面理解景观一词的灵感源泉。参考洪堡的理论，施密图森将景观描述为具有地理相关性的地球表面一部分的"形状"。无论是在分析景观生态系统或景观地貌，一个通俗易懂的景观描述是有用的。随着越来越多的人对与景观相关的话题产生兴趣，今天这一点尤其如此。景观也可以被定义为地球表面的任何部分。地球表面的陆地、水体、自然和文化等各个方面以不同的优势相互作用。景观的综合性是不容忽视的，在景观规划中忽视生态是造成当今环境问题的重要原因（Ewald，2001）。

全面了解景观需要考虑景观的所有部分，包括城市和工业区。很明显，乡村地区是景观不可分割的一部分。然而，人们并不是从景观的角度来看待乡村。大多数人仍然认为乡村主要是农业生产的地区（Ewald，2001）。

乡村景观在发达国家得到高度重视，经合组织成员国很早就开始了农业的生态、美学和社会等非生产性功能的研究。欧洲的田园景观和日本的里山自然，都是经过城市化进程的洗礼之后而定型并保留下来的（徐珊等，2013）。

1.2　乡村景观

1.2.1　乡村景观特征

很多人都对乡村充满憧憬，向往"采菊东篱下，悠然见南山"的田园生活。乡村景观作为自然景观和人文景观的综合体，不仅为人们提供了生存的空间和物质基础，而且还是人类的精神栖息地。

乡村景观是千百年来人们利用自然资源的过程中产生的，由特有的生产技术、管理体系和生活方式不断塑造而形成的区域地表形态。它体现了人与自然和谐共处的关系，具有文化、历史和生态价值。自然条件和文化传统的多样性，造就了不同地区各具特色的乡村景观（袁敬，林菁，2019）。

乡村景观是自然景观、农业景观和聚落景观的有机融合。自然景观包含乡村区域地形、地貌、水文、野生动植物等要素。农业景观要素包括农田、经济林、牧草地、水利设施、生产设施、农作物和牲畜等，广义的农业景观除了农耕景观，还包含牧业、林业、渔业等类型，部分区域还存在狩猎及乡村手工业，景观要素更为多样。聚落景观元素包含住宅、公共建筑、街巷、公共空间、植物、水系、道路和基础设施等。这些景观元素在不同的地区亦有差异性，并呈现出不同的分布特点和结合方式，形成多样的乡村景观特征（袁敬，林菁，2019）。

在可持续发展视角下，乡村景观特征需要采取多样化的发展途径。价值突出的景观需要保护与保存，普遍存在的景观可根据发展需求合理更新，以促进景观利用、获得社区福祉。保护与更新并不是完全对立的，传统乡村景观需要更新农业设施和基础设施以提升传统农业，发展生态旅游；更新措施也需遵循保护原则，关注重要景观特征，保护历史景观，同时根据地方社会、经济和生态环境条件，管控新建发展项目（袁敬，林菁，2019）。

过去的 60 多年中，乡村景观变化速度惊人，城市化成为不可逆转的过程（珍妮·列依，韩锋，2012）。在快速城市化进程中，许多乡村景观被慢慢地吞噬，对自然环境和人文资源产生了深刻的负面影响（温琈，王颖，2009）。乡村的自然生态与诗意景观对人们的生产和生活显得越来越重要。

1.2.2　乡村景观保护（袁敬，林菁，2019）

1.2.2.1　保护对象

乡村景观的保护对象按其属性与范畴可分为历史景观及文化景观。广义的文化景观包含历史景观。乡村历史景观是指乡村景观中具有突出历史价值的景观，包括具有历史营造风格、反映特定审美，以及与特定历史时期、历史事件、历史人物、历史文化作品等相关联的景观元素。在中国，这类景观元素更多地被认定为文物的范畴，是乡村文化遗产的主要内容。从 1931 年的《雅典宪章》到 1964 年的《威尼斯宪章》，国际学术界对历史景观和保护范畴的认知早已从"点"扩展到"面"、从单体景观要素发展到整体景观环境，保护对象也由建筑向其外部环境扩展，并延伸到街区、城镇、乡村及特定地理区域范围。

文化景观的范畴比较宽泛，反映的是人与自然的互动关系。乡村景观由人在自然环境中的劳动而形成，是典型的文化景观。农业与建设活动所形成的农田、水利设施、半自然结构、传统农作物与养殖品种，以及聚落、建筑等是文化景观特征的主要构成元素。联合国教科文组织、联合国粮农组织等国际组织与各国政府制定了相应的政策保护乡村文化景观特征。

乡村景观的保护对象不仅包括反映人与自然关系的农业景观、聚落景观及自然景观的元素，也包括影响景观的农耕、畜牧、森林管理等生产行为以及乡村居民为适应自然环境、提高农业生产效率而形成的社区组织与社区关系。

1.2.2.2　保护范围

乡村景观保护范围涵盖生产、生活、生态区域，重点覆盖地方特征突出、景观价值较高的聚落、农田、山林等环境，并考虑景观完整性。范围划定依据包括行政边界和山脊线、水系、道路等元素的地理边界或中心线，两者可以互相结合。保护范围划定需考虑外部不利因素对于重要景观特征的影响，例如城镇生活、工业生产等造成的视觉影响、噪声、污染物等。世界遗产委员会建议围绕景观遗产设置一定面积的缓冲区，以提供额外的保护层。

乡村景观是"活态"景观，不仅需要保护历史，也需要维持发展，保护与发展的目标需要采取差别化措施。根据景观价值、保护目标以及保护区级别的不同，保护措施也相应变化，严格管理区域基本禁止景观改变，弹性管理区域允许合理开发利用。

1.2.2.3　保护措施

自然景观是乡村景观的"骨架"，价值突出的山水环境是重点保护对象。保护手段包括建立重要景观保护区及缓冲区，如林地、草地、河流或湿地等的保护区；实施水质净化、水土保持和植被恢复等生态治理手段以保持山水环境特征。特殊或珍稀动植物也是重要保护对象，保护措施包括建立保护名录，登录珍稀动植物的品种、位置、数量和年龄等，制定相应管理条例，禁止砍伐和损害植物的行为。

农业景观保护针对农业景观元素与传统农业制度。农田、农作物、农田边界、水利设施和道路等农业元素的保护措施相对比较灵活，允许不破坏历史遗址、地域性结构与景观质量并有利于景观发展与动态保护的土地整理措施。

2
国外乡村

2.1 瑞士乡村景观

2.1.1 自然环境

瑞士是中欧国家之一，北邻德国，西邻法国，南邻意大利，东邻奥地利和列支敦士登，全境以高原和山地为主，有"欧洲屋脊"之称和"世界公园"的美誉。

瑞士领土东起东经10° 29′ 26″的格劳宾登州的沙瓦拉茨峰，西至东经5° 57′ 24″的日内瓦的尚希镇，最南端位于北纬45° 49′ 8″，靠近提契诺州的基亚索，最北面在北纬47° 48′ 35″的沙夫豪森州的巴尔根。南北长220.1km，东西长348.4km，国土面积41 284km²，瑞士的森林面积12 716km²，水域面积1 726 km²，淡水资源占欧洲总量的6%，莱茵河、罗纳河和因河均发源于瑞士。

瑞士全境分3个自然地形区，中南部的阿尔卑斯山脉占总面积的60%，西北部的汝拉山脉占10%，中部高原占30%，平均海拔约1 350m，最高点是接近意大利的杜富尔峰，海拔4 634m，最低点是位于提契诺州的马祖尔湖，海拔 –193m。

瑞士地处温带，夏季不热，冬天很冷。阿尔卑斯山由东向西伸展，形成了瑞士气候的分界线，地理位置与多变的地形造成气候的多样性。阿尔卑斯山南部属地中海气候，夏季干旱、冬季温暖湿润。阿尔卑斯山以北地区气候具有明显的过渡性，自西向东，由温和湿润的温带海洋性气候向冬寒夏热的温带大陆性气候过渡，局部高海拔地区属于高原山地气候。

瑞士全国年平均气温为8.6℃。中部地区1月平均气温0℃左右，山区以外的地区7月平均气温在20℃左右。山区气温随海拔增高而递减，海拔2 500m的森蒂斯7月平均气温仅有5℃。瑞士每年的降水量在1 000 ～ 2 000mm，3/4地区平均年降水量超过1 000mm。

瑞士全国由26个州组成，包括苏黎世、伯尔尼、卢塞恩、乌里、施维茨、上瓦尔登、下瓦尔登、格拉鲁斯、楚格、弗里堡、索罗图恩、巴塞尔城、巴塞尔乡、沙夫豪森、外阿彭策尔、内阿彭策尔、圣加仑、格劳宾登、阿尔高、图尔高、提契诺、沃州、瓦莱、纽沙泰尔、日内瓦和汝拉。

2.1.2 景观特色

瑞士树林和草地交织的乡村景观闻名世界，草地纤尘不染，树林青翠自然，点缀其间的一座座房舍质朴典雅，吸引了无数的游客去观光、骑行和度假。瑞士乡村景观具有以下几个特色，草地是其标志性的景观要素之一（图 2-1）。

图 2-1　瑞士乡村景观
（图片来源：陈艺荃摄）

2.1.2.1　流畅起伏的草地

瑞士的山区有大量的牧场，与中国南方的水田景观不同，由于需要灌溉，水田必须保持水平，因此在山区就会出现一层层的梯田景观，而瑞士的草地面积比较大，而且是连续起伏的，这样就构成了具有很高视觉质量的景观。管理良好的草地是绿色的均质景观，本身具有相当高的美感，再加上较大的完整斑块和流畅起伏的地形，美学价值就更高了。

2.1.2.2　优美的牧场林地

牧场林地在欧洲，尤其在瑞士是传统的多用途景观（Gillet，2008）。瑞士山区的牧场大多是草地树林镶嵌体，不像我国内蒙古的温带草原，没有那种"天苍苍，野茫茫，风吹草地见牛羊"的景观，而是草地周边点缀着树林。这种牧场林地景观作为濒危物种的栖息地，是一个具有高保护价值的生态系统，因为丰富的植被类型嵌入动态的草地树林景观镶嵌体，此外与单纯的草地相比，提升了许多美学价值，因为草地基本上是一个平面的，树林是立体的，两者结合产生了复合效果，极大地提升了景观视觉质量。林地斑块和草地斑块自然形成或者经过精心设计，和谐融合在一起，构成了一幅优美的画卷。

2.1.2.3 质朴典雅的民居

瑞士山区乡村民居一般是木构房屋，大多是坡屋顶，整个建筑质朴、典雅，与周围的草地树林融合在一起，如诗如画，不像国内许多新建的乡村民居，布局太整齐划一，显得与乡村环境不协调。

2.1.2.4 雄伟壮丽的雪山

雄伟壮观的阿尔卑斯山脉遍及法国、意大利、瑞士、德国、奥地利和列支敦士登等国，最美的风景就在瑞士。它东西延绵 1 200km，南北宽约 120 ～ 200km，东宽西窄，平均海拔 3 000m 左右，一共有 82 座海拔超过 4 000m 的山峰，其中又有超过一半位于瑞士瓦莱州。阿尔卑斯山脉还有 1 000 多条现代冰川，总面积达 3 600km^2。有些乡村壮丽的雪山与牧场林地景观交相辉映，形成了绝美的风景。

2.1.3 农业景观

瑞士人口约 823 万人，其中 15.9 万人从事农业生产，不到瑞士总人口的 2%，农业产值约占瑞士国内生产总值的 0.7%。农业生产性用地面积约 106 万 hm^2，约占全国总面积的 25%，其中粮食种植面积 14.3 万 hm^2，经济作物种植面积 12.8 万 hm^2，葡萄园和其他农业种植面积 5 万 hm^2，牧场面积约 74 万 hm^2，牧场中人工草场 12.7 万 hm^2，自然草场 61.7 万 hm^2。瑞士大面积的牧场和森林镶嵌体构成了世界上最美丽的乡村景观，吸引了无数的游客前往观光。

2013 年，瑞士农业产值 102 亿瑞士法郎，其中谷物和果树生产占农业产值的 39.1%，畜牧生产占农业产值的 50%，其余占 10.9%。谷物和蔬菜的种植局限于低海拔地区，约 1/3 的农场从事谷物生产。主要粮食作物有小麦、大麦、黑麦、燕麦、玉米和马铃薯。经济作物有甜菜、油菜、烟草和果树等。

农业用地在瑞士国土利用中所占比重很大，因此农业在瑞士环境和生态保护上的作用显得相当重要。随着农业技术的发展，各种新型化肥、杀虫剂等的应用，虽增加了产量，但也带来了对土地、水源和动物饲料污染的潜在危险。近年来，人们对农业生产的环境效应日渐重视，越来越多的农场向生态农业发展。1998 年，瑞士开始禁止在动物饲料中使用抗生素及荷尔蒙，2001 年，瑞士有机农场约占耕地面积的 8%。

瑞士没有因发展经济而破坏生态环境，实现了发展经济与保护环境的协调统一。全国不论城市、农村，还是平地、山坡，几乎所有空地都被葱绿茂密的森林、草地覆盖，见不到裸露的黄土。瑞士的植被覆盖率可能是全球最高的，不存在水土流失问题，晴天不见尘埃，雨天没有泥浆。在国内，凡是去过九寨沟的人，都会为那里的原始森林和湖光山色赞叹，瑞士几乎到处都是"九寨沟"，山清水秀，风景宜人。而且无论城乡，凡有湖泊，就有白天鹅，人与自然和谐共处。农场实行集约经营，牧草地分为两部分，一部分种植冬储饲料，另一部分做牧场。

2.1.4 牧场景观管理（程桂荪，1984）

瑞士的牧场景观闻名世界，美丽的景观除了优越的自然条件外，离不开人类的精心呵护，以下介绍一下瑞士牧草品种和牧场景观管理。

瑞士农业自给率达 60% 以上，在农业收入中，一半以上来自饲料种植业和养牛业。瑞士的牧场分为天然牧场和人工牧场两种，天然牧场是自然野生草原通过合理的管理和放牧发展而成的，人工牧场则是按作物的轮作周期定期地在耕地上播种，一般都是禾本科和豆科牧草混播。

2.1.4.1 天然牧场

天然牧场分布最广，遍及高原、陡坡和村庄的边缘地等，主要采用施肥和切割两种管理方法。施磷肥有助于豆科牧草优先发展，施氮肥则促进其他牧草的发展；切割也是一种调整牧草种间比例的有效方法，在牧场上很少使用除草剂。

天然牧场除施用化学肥料外，通常还要施厩肥、厩液。海拔 400m 以下的牧场每年放牧 4～6 次，海拔 1 500～1 800m 的高原上则仅在夏季放牧 1～2 次。在平坦的低地上每年每公顷地可收获 10～15t 的干饲料。海拔高度每增高 100m，产量约降低 5%。

在平坦的肥沃草地上主要种植鸭茅（*Dactylis glomerate* Linn.）、黑麦草（*Lolium perenne* Linn.）、多花黑麦草（*Lolium multiflorium* Lam.）、红三叶（*Trifolium pratense* L.）、白三叶（*Trrifolium repens* L.）、药用蒲公英（*Taraxacum officinale* F.H.Wigg.）、峨参〔*Anthriscus silvestris*（Linn.）Hoffm.〕和牛防风（*Heracleum sphondylium*）。在高原上主要种植黄三毛草（*Trisetum flavescens*）、草甸羊茅（*Festuca pratensis* Huds.）、紫羊茅（*Festuca rubra* Linn.）、细弱剪股颖（*Agrostis tennis* Sibth.）、鸭茅、红三叶、白三叶、药用蒲公英和斗篷草（*Alchemilla vulgaris*）。在平地和山村草地上主要种植黑麦草、草

地早熟禾（*Poa pratensis* Linn.）、高山梯牧草（*Phleum alpinum* Linn.）和白三叶等。在肥沃的阿尔卑斯山区主要种植高山早熟禾（*Poa alpina* Linn.）、高山梯牧草、洋狗尾草（*Cynosurus cristatus* Linn.）、红三叶和白三叶等。

　　牧场通常分成若干围场进行轮放，用养结合，放牧3～5天后要休闲3～5周。若不断地在同一地区放牧，任牲畜掠食，牧场质量会很快变坏，只剩下不好的饲草，而且经过很久才能恢复。

　　除放牧外，他们还进行干草制备，以备冬季喂用。由于瑞士降水量较大，饲草通常在含水量为30%～40%时收入草棚中，然后用热空气或冷空气循环使之干燥。

　　农学家们对天然牧场做生态学普查和植物学调查，并标定等级，研究哪些植物种植在一起可以相互促进生长，不同类型的土壤和环境适合生长的植物种类，只要这些植物是有益无害的，就不轻易放弃。研究发现如果某种植物原先在植被中占20%，经过适当的管理，很快就能成为该地区的优势植物。此外，他们始终强调多种植物混合生长，不主张单一类型植被。

2.1.4.2　人工牧场

　　瑞士基本没有裸露土地，除了雪山、岩石外，处处是碧绿的田野、森林和草地。人工牧场是牲畜饲料的主要来源，也是作物轮作计划中的重要一环。

　　在饲料育种方面，瑞士做了大量工作，有从国外引种的，有在国内选育的，并通过试验不断地选育高产优质的新品种。在人工牧场的管理中，瑞士坚决主张禾本科和豆科混播，所以特别重视品种的搭配，研究机构特地设立了试验网，以筛选适合瑞士不同地区种植的品种，并将结果列入"推荐种植的牧草和三叶草种类一览表"。该表每两年修订一次，作为种子混合的标准，瑞士种子贸易市场则必须遵照这个标准配售混合种子。

　　无论从牲畜的营养要求，还是从耕作和饲料加工技术等方面来考虑，按适当比例实行三叶草和非豆科牧草混播都是必要的，这种草地需氮肥投入量较少，不仅能提供更多更好的饲料，而且生产的饲料也易于贮藏。

　　从瑞士牧场管理实践可以归纳出以下经验。一是发展当地原有的牧草，形成天然牧场，并通过放牧、切割、施肥、撒种等技术来改良牧场质量。二是推行豆科和禾本科牧草混播的人工牧场。三是生产各种大、中、小型割草机，在气候干燥的地区或季节，割草就地暴晒后即可储藏。四是野草对保护土壤、加强覆盖、防止雨水冲刷、防止土壤表层板结有重要作用。

2.1.5 典型乡村景观

2.1.5.1 格林德尔瓦尔德

格林德尔瓦尔德（Grindelwald）位于因特拉肯东南，阿尔卑斯山中的一片峡谷里，海拔高度 1 000m 多点，四周被 4 000m 左右的山峰环绕。吕齐纳河从峡谷中穿过，河岸两边宽阔的缓坡上，绿草茵茵，犹如铺满黄绿色丝绒般的地毯，星星点点的小木屋点缀其中，组成一幅幅绝美的风景画，小镇的主要街道位于北坡，街道正南面是巍峨雄伟的艾格峰（Eiger，海拔 3 970m），艾格峰的东面是韦特洪峰（Wetterhorn，海拔 3 692m），还有藏在两峰后面犹抱琵琶半遮面的斯瑞克洪峰（Schreckhorn，海拔 4 078m）和比少女峰更高的芬斯特腊尔洪峰（Finsteraarhorn，海拔 4 274m）。火车站在街道的西头，通往因特拉肯和少女峰的火车都从这儿出发。街道不长，两侧商铺林立，餐厅、酒吧、超市、户外店以及林林总总的酒店。河的南岸是美得令人窒息的"梦幻山坡"，齿轨火车蜿蜒而上直达少女峰。

格林德尔瓦尔德不但是通往少女峰的必经地之一，也是众多旅游观光线路和徒步线路的起点，同时，还是瑞士最受欢迎的度假胜地、远足目的地和少女峰地区最大的滑雪胜地。

2.1.5.2 恩特勒布赫

恩特勒布赫（Entlebuch）是瑞士卢塞恩州的一个自治市，面积 57km^2，在这个区域内，50.1% 为农业用地，42.6% 为森林。其余土地中，3.7% 为居住用地，剩下的 3.6% 为河流、冰川等。

恩特勒布赫平均一年有 150.5 天下雨，年平均降雨量为 1 487mm。8 月最潮湿，降雨量为 173mm，该月平均下雨天数为 13.2 天。5 月降雨天数最多，平均为 15.1 天，降雨量 148mm。10 月最干燥，降雨量为 91mm。

坐落在伯尔尼和卢塞恩之间的恩特勒布赫生物圈保护区是瑞士第一个也是目前唯一一个生物圈保护区。恩特勒布赫生物圈保护区（Biosphere Reserve Entlebuch）是瑞士最美丽、最独特的地区之一。

恩特勒布赫生态保护圈是一片神秘和色彩缤纷的世界，充满平和、灵感和兴奋。一望无际的旷野，宁静如画的山坡，怪石嶙峋的岩溶地貌，奔流不息的溪流形成了这里独到的景观，是瑞士第一个生态保护区的典型风貌。恩特勒布赫生态保护区不仅是宁静休闲的好场所，还是进行山地自行车、远足、高尔夫球等各种运动的好地方。

2.1.5.3 英格堡

英格堡（Engelberg）是瑞士著名度假地，位于卢塞恩湖以南的上瓦尔登州，周边有伯尔尼州，下瓦尔登州和乌里州，是瑞士中部重要的山区度假地。19世纪开始，英格堡成为世界知名的度假疗养地。英格堡铁力士山滑雪场是瑞士十大冬季滑雪场之一。得益于现代化的运动设施和阿尔卑斯山区独特的地理环境优势的完美结合，英格堡像磁石一样成为夏季和冬季旅游的热点。

英格堡面积 74.8 km²，28.5%用作农业，24.5%为森林，3.1%为居住用地，43.9%是非生产型用地，包括河流、冰川和山峰。英格堡周围群山环绕，在陡峭的地势上形成了一个高山盆地，位于小镇边上的铁力士山海拔 3 239 m。

英格堡是 12 世纪早期以本笃会修道院为中心发展起来的山谷小镇。铁力士山上海拔 1 800 m 的草地在这之前已有人集中放牧了。传说天主教本笃会的修士循着天使的声音来到这片山谷，建立修道院，因此英格堡这个地方被命名为 Engelberg，德语是"天使之乡"的意思。

2.1.5.4 劳特布伦嫩

劳特布伦嫩（Lauterbrunnen）位于少女峰西面一条狭窄的峡谷中，海拔高度796 m。峡谷两边都是海拔千米以上的山崖，再往上就是海拔 4 000 多米的少女峰等雪山。劳特布伦嫩周围有 72 条瀑布流入山谷，所以劳特布伦嫩的德语直译是很多的泉水，这个小镇是名副其实的瀑布镇。不过，这些瀑布分布很广，在镇中心只看到最为著名的施陶河瀑布。该瀑布随着悬崖峭壁飞流直下，落差达 300 m，是劳特布伦嫩的标志性景观。

2.1.5.5 拉 沃

拉沃（Lavaux）葡萄园位于瑞士洛桑至蒙特勒之间，沿着日内瓦湖延绵数十千米，是瑞士最著名的葡萄产地和葡萄酒酿造基地。

最早，这是一片贫瘠的山地，12 世纪中叶，在瑞士西都会教士的带领下建起了大大小小的葡萄园，并培育出闻名遐迩的夏瑟拉葡萄。这种葡萄个小汁多、碧绿晶莹，极适宜酿造葡萄酒。近千年来，随着葡萄园规模越来越大，酿酒作坊越来越多，拉沃地区成为瑞士著名的葡萄酒产地。20 世纪 70 年代，拉沃周围的洛桑、沃韦、蒙特勒等地逐步城市化。对于拉沃葡萄园迷人的景色，不少房地产开发商想征用葡萄园修建别墅，但当地居民不同意，在瑞士生态学家弗朗兹·韦伯的带领下，于 1973 年和 1997 年两次发起"拯救拉沃"行动，要求政府立法保护拉沃葡萄园，最后在沃州全民公决中获得通过，使拉沃梯田得到法律的保护。

2007 年，联合国教科文组织将拉沃葡萄园梯田列入《世界文化遗产名录》，其评语是：拉沃梯田式葡萄园体现出居民同环境之间为优化当地资源、酿制优质葡萄酒而进行的相互调整和适应，堪称文化遗产。

2.2 荷兰乡村景观

2.2.1 自然环境

荷兰位于欧洲西部，是世界著名的"低地之国"，东面与德国为邻，南接比利时，西面和北面濒临北海，南北最远端相距约 300km，东西最远端距离约 200km，国土总面积 41 864km²，沿海有 1 800km 长的海坝和岸堤，海岸线长 1 075km。13 世纪以来共围垦约 7 100km² 的土地，相当于荷兰陆地面积的 1/5，如今荷兰国土的 18% 是人工填海造出来的。荷兰本土设 12 个省，下设 443 个市镇，是一个高度发达的国家，以海堤、风车和郁金香而闻名。

低平是荷兰地形最突出的特点，全境均为低地，1/4 的土地海拔不到 1m，1/4 的土地低于海平面，除南部和东部有一些丘陵外，绝大部分地势都很低。南部由莱茵河、马斯河、斯海尔德河的三角洲连接而成。荷兰地势最高点是位于南部林堡省东南角的瓦尔斯堡山，海拔 321m，地势最低点在鹿特丹附近，为海平面以下 6.7m。

荷兰位于北纬 51°～54°，受大西洋暖流影响，属温带海洋性气候，冬暖夏凉，沿海地区夏季平均气温为 16℃，冬季平均气温为 3℃。内陆地区夏季平均气温为 17℃，冬季为 2℃。荷兰年降水量约为 760mm，降水均匀分布于四季。荷兰每月平均的晴天小时数 5 月最高，约为 220 小时，12 月最低，约为 39 小时。

2.2.2 景观特色

荷兰有郁金香、风车和宁静祥和的田园景致。走入荷兰，就像走进了一幅田园画，清澈的小河边，大风车张开翅膀迎风转动，色彩斑斓的古朴小屋、明朗的蓝天、美丽的郁金香，大片的绿和星星点点的红，融合成了最和谐的色彩。

荷兰的花田、风车和运河串起如织美景，带给游人无数的梦幻与想象，是荷兰标志性的乡村景观要素，吸引了世界各地无数的游客前往观光。

2.2.2.1 花　田

荷兰的花卉种植面积大，素有"欧洲花园"之美誉，花田主要集中在北荷兰省。荷兰人围海造田，用勤劳与智慧，将曾经的沼泽地变成一望无际的沃野良田，创造了人间奇迹。每年春季各色鲜花盛开，大地被鲜花覆盖，花田犹如一幅色彩缤纷的大拼图，十分美丽和壮观，荷兰的春天被誉为世界上最美丽的春天。

荷兰种植郁金香的耕地约占所有球根花卉用地的一半。从空中俯瞰围海造田形成的圩田，有着明显的矩阵形状，除了耀眼的郁金香外，还有洋水仙、风信子、番红花等球根花卉，奶白、深红、紫兰、艳黄，各种颜色交错，花海无际，形成独一无二的壮观景致。

2.2.2.2 风　车

荷兰坐落在地球的西风带，一年四季盛吹西风。同时它濒临大西洋，又是典型的海洋性气候国家，海陆风长年不息。这就给缺乏水力等动力资源的荷兰，提供了利用风力的优厚补偿。

荷兰风车最早是从德国引进的，开始时仅用于磨粉之类。到了16—17世纪，风车对荷兰的经济有着特别重大的意义。当时，荷兰在世界的商业中，占首要地位，各种原料从各个水道运往风车磨坊等加工厂加工，其中包括北欧各国和波罗的海沿岸各国的木材，德国的大麻子和亚麻子，印度和东南亚的肉桂和胡椒。在荷兰的大港鹿特丹和阿姆斯特丹的近郊，有很多风车的磨坊、锯木厂和造纸厂。随着荷兰人民围海造陆工程的大规模开展，风车在这项艰巨的工程中发挥了巨大的作用。

荷兰风车，最大的有好几层楼高，风翼长达20m。有的风车，由整块大柞木做成。18世纪末，荷兰全国的风车约有12 000架。这些风车用来碾谷物、榨油，压滚毛呢、造纸以及排出沼泽地的积水。

20世纪以来，由于蒸汽机、内燃机和涡轮机的发展，依靠风力的古老风车曾变得暗淡无光，几乎被人遗忘了。但是，因为风车利用的是自然风力，没有污染、耗尽之虞，所以它不仅被荷兰人民一直沿用至今，而且也已成为绿色环保新能源的一种，深深地吸引着人们。

目前，荷兰大约有2 000多架各式各样的风车。荷兰人很喜爱他们的风车，在民歌和谚语中常常赞美风车。每逢盛大节日，风车上围上花环，悬挂着国旗和硬纸板做的太阳和星星。虽然荷兰已是一个现代化的国家，令人惊奇的是它并未失去它的古老传统，象征荷兰民族文化的风车，仍然忠实地在荷兰的各个角落运转。荷兰人感念风车是他们发展的"功臣"，因而确定每年5月的第2个星期六为"风车日"，这一天全国的风车一齐转动，举国欢庆。

好久以来，人们无论从哪个角度观赏荷兰的风景，总是看到地平线上竖立的风车。风车是荷兰那有着宽广地平线和飘满迷人云朵风景中的佼佼者。风车是荷兰民族的骄傲与象征，也是荷兰文化的传承与张扬。从正面看，风车呈垂直十字形，即使它休息，看上去也仍是充满动感，仿佛要将地球转动。这种印象给亲临此地的人，都留下无法消逝的记忆，终于明白了为什么人们称风车是荷兰的"国家商标"。

2.2.2.3 运 河

荷兰地势非常平坦，仅在东部和南部有几座山丘。西欧的三大河流莱茵河、马斯河以及斯海尔德河均通过荷兰境内入海。荷兰人在与水的旷日持久的抗争中建设了许多美丽家园。运河和河流是荷兰乡村景观的重要组成部分。荷兰人从抽水造田开始着手建设运河，运河既有灌溉、排水和运输的功能，也是一道亮丽的风景线。

荷兰的许多城镇也都是围绕运河而建，优美的运河是这些城市景观的特点。早期运河被用于水资源管理、交通运输和国防的目的。如今运河主要用于休闲活动。机动船、运河游览船、脚踏船、独木舟穿越运河，对于旅游者来说，从你踏上荷兰的第一步，就能处处体验到这种运河文化。

2.2.3 乡村景观规划（张晋石，2013）

荷兰有着悠久的土地开垦历史，长期以来荷兰人不断围海筑堤，通过数年时间的排水、回填和土地养熟，将海域和泥炭沼泽地等自然景观转变为适合于耕作的文化景观。20世纪后，荷兰开展了大规模的土地整理和大尺度的乡村景观规划。圩田建设、土地整理和乡村景观规划，彻底重塑了荷兰的乡村面貌，使其成为一种"干预的景观"。

荷兰是个低地国家，水资源控制和土地开垦的历史起源于中世纪。在此之前，荷兰人采取的多是单纯的防御性措施，比如迁移到更高的地方、筑高堤坝等。发明了风车之后，荷兰人能够排干大片的土地建造圩田，用于农业生产和居住，当时比较著名的是贝姆斯特圩田建设，将贝姆斯特湖的自然景观转变成用于农业生产的文化景观。

荷兰的土地整理是土地开垦历史的延续，但两者也存在不同。土地整理并不是创造新的土地，而是调整旧的农业景观。20世纪，荷兰出台了一系列土地整理的法案，为乡村地区的土地整理、土地开发、自然保护、生态建设、水资源管理等提供了法律和制度框架。迄今为止，荷兰全国农村的土地都以这种项目的形式至少进行过一次整理，有的已经进行过若干次整理。

20世纪，特别是第二次世界大战之后，荷兰风景园林专业人员逐渐参与乡村地区的景观规划，以改善以农业为单一目标的乡村发展状况。经过半个世纪的发展，随着土地整理政策目标的转变，荷兰乡村景观规划的理念也从服务于农业生产的现代化、合理化，到农业、休闲、自然保护和历史保护等多种利益综合平衡，再到从自然保护发展到创造"新自然"这样一个趋势。

作为与自然有着特殊关系的国家，荷兰国土的每平方千米的土地都经过了规划。20世纪的荷兰乡村，经历了从丰产的景观，到农业、休闲和自然保护平衡发展，再到注重创造"新自然"的动态演变过程，并且仍然在不断发展变化着。1999年，荷兰政府出台了"贝威蒂尔备忘录"，强调空间规划中的文化历史元素，这将提升乡村景观的品质和身份认同感。在此基础上，2005年荷兰政府确立了20个国家景观区域，覆盖面积接近9 000km²，其中2/3的面积是农业用途。从国家和国际的背景来看，这些区域代表了荷兰乡村的核心品质，保护和加强这些核心品质对于保护荷兰的景观独特性非常重要。

2.2.4 典型乡村景观

2.2.4.1 齐杰佩

1971年荷兰开始实施史上最大规模的围海造田工程，尤其是"须得海工程"（Zuiderzee reclamation project），通过修建阿夫鲁戴克拦海大堤，将原来的须德海（Zuiderzee）变成一个内陆湖艾瑟尔湖（Ijsselmeer），抽干湖水开垦成为新的土地，成就了荷兰最年轻的省份——弗列弗兰（Flevoland）。齐杰佩（Zijpe）是荷兰最早的围海造田区，这里不仅拥有全荷兰最长的日照时间，还因为独特的沙质土壤特别适合郁金香生长而成为世界上最大的球根花卉种植区的一部分。

齐杰佩拥有14 km的海岸线，从卡兰茨奥赫（Callantsoog）延伸到佩滕（Petten）。齐杰佩以开阔、安静、清新的空气和美丽的景观闻名。这片荷兰最古老的围海造田区拥有天鹅湖（Zwanenwater）自然保护区等数处美景。齐杰佩非常依赖旅游业和花卉种植业，这两个产业是齐杰佩繁荣的保证。

每年在齐杰佩举行的鲜花节期间，游客都有机会乘坐小型飞机，在天空鸟瞰花田。纵横的水道将大地分割成整齐的拼图，朵朵娇艳的郁金香和风信子，一时间都化成了井然的多彩方格和一道道地上彩虹。飞机由北向南飞，沿途除了缤纷的花田，还有翠绿的田园、堤坝以及蔚蓝的北海，不时有风车、农庄、小城堡等点缀其间。飞行于如此美丽的花田之上，感受最深的是大自然的奇妙力量。每年3—4月可以欣赏早春的番红花和洋水仙，4—5月可以观赏风信子和郁金香等。

2.2.4.2　丽　门

丽门（Limmen）是位于荷兰北荷兰省卡斯特里克姆的一个小镇，它之所以出名，是因为这里每年 5 月举办的鲜花马赛克展览。春天的丽门小镇将变身为一座鲜花艺术品之城，小镇居民仅 6 000 多人，但分布在小镇各处的风信子马赛克却超过 100 幅。

马赛克的图案丰富多彩，当地、荷兰乃至国际的人物和新闻事件都可能成为作品的内容，并以或幽默或严肃的方式展现出来。卡通人物、肖像、绘画作品甚至是建筑也会成为鲜花马赛克的内容，它们全部用风信子来表现。风信子品种包括蓝夹克、代尔夫特蓝、哈勒姆城、粉珍珠等 10 多个。另外，小镇会以街道为单位做花卉主题装饰，例如牛仔裤街，整条街道的花园都以牛仔裤作为主题，还有幽灵街、咖啡街、国旗街等。当然花卉艺术不仅于此，盛开的花田、用鲜花装饰的街道和全新布置的自家花园都成了花卉节不可或缺的一部分。

2.2.4.3　安娜保罗娜

安娜保罗娜（Anna Paulowna）是荷兰北部的一个花田小镇，以种植花卉为中心。每年 4—5 月，都要举办为期 5 天的鲜花马赛克展览。当地几乎人人是艺术家，巧妙地用鲜花的花瓣做成精美绝伦主题各异的鲜花马赛克，有上百个之多。由于鲜花的保质期有限，每年的展览只有短短的 5 天时间。参展家庭都把马赛克作品摆在自家屋前的花园空地上，供人欣赏。

2.2.4.4　库肯霍夫

荷兰被称为"欧洲花园"，而在这花园里，库肯霍夫（Keukenhof）被认为是最美的一角。库肯霍夫公园位于盛产球根花卉的丽丝（Lisse），是每年花卉游行的必经之路。库肯霍夫公园的四周环绕着缤纷多彩的花田，恰似坐落在花毯中间的春天的花园，是欧洲最迷人的花园之一，600 多万株各式花卉，绘出一幅幅令人惊叹的彩图。每年春夏，世界各地的旅客朝圣般来到这里，徜徉花海寻觅花魂。

2.2.4.5　羊角村（《环球》杂志，2018）

羊角村（Giethoorn）位于荷兰西北部上瑟尔省（Overijssel），威登（de Wieden）自然保护区内，距荷兰首都阿姆斯特丹 120km，被誉为"欧洲最美村庄"。

每家屋顶都盖着茅草，简洁整齐，草地上种植树木和鲜花，一派宁静的乡村风光。绿意盎然的村落里，河网东西交汇，水路南北贯通。小桥是连接外界的通道，户户农舍都有"护城河"。游船轻轻漂来，小河潺潺流过，水面上架设的老木桥有 150 座之多。

欧洲最美村庄，美在意境上。村里没有汽车，没有公路，道路就是曲折的运河，交通工具全凭一叶扁舟，舟楫泊在水边，就像汽车停在门前一样。乘平底船出行，是当地老一辈人一成不变的生活方式。

这些水畔人家多是翻建于18世纪或19世纪的老宅子。这里像中国的江南水乡，却又不尽相同，这些农舍实际上就是一幢幢独栋别墅。家家户户前有花园，后有菜地，别墅设计各擅所长，全村竟无一户重复。

时光倒流数个世纪，羊角村所在地还是一片荒芜的沼泽，只有丛丛芦苇迎风摇摆。所幸的是湿地上虽然不长庄稼，地下却储藏着丰富的泥煤。1230年，一批地中海的难民辗转来到这里，靠的就是挖泥煤维持生计。

新编织的芦苇屋顶是新鲜的麦秆色，待经年累月褪变成晦暗的黑灰色。茅屋顶经久耐用，更换一次的周期大约是40年。厚厚一层芦苇覆盖的屋顶，遮阳挡雨，冬暖夏凉，这正是早年北欧乡村农舍的朴素建筑风格。满眼拙朴的茅屋顶，增添了羊角村世外桃源的韵味，仅此一项，就让全世界的摄影师趋之若鹜。羊角村居民约为2 620人，人数多年来没有明显变化。郁郁葱葱的树木和重重叠叠的拱桥，掩映着中世纪保存下来的古老村庄和淳朴民风。

羊角村不仅是游览的景点，更有一份自己悠闲的生活。村里有教堂、民宿、酒馆和咖啡厅，甚至还有各种各样的博物馆。一间水畔乡村小铺，是羊角村人日常生活的一部分。这里和一般乡村店铺不同的地方，是到此购物需要划船来。小铺简单的橱柜陈设雅致，居家的风景透着温馨，新鲜的奶酪看上去就让人眼馋，多彩的皂块散发着鲜花和水果的馥郁香气。羊角村外是开阔的运河，一头牵着小桥流水的村落，一头通向阡陌纵横的原野。

2.3 日本乡村景观

2.3.1 自然环境

日本位于太平洋西北部，由北海道、本州、四国、九州4个大岛和其他7 200多个小岛屿组成。日本东部和南部是一望无际的太平洋，西临日本海、东海，北接鄂霍次克海，隔海与朝鲜、韩国、中国、俄罗斯、菲律宾等国相望。

日本以温带和亚热带季风气候为主，夏季炎热多雨，冬季寒冷干燥，四季分明。全国横跨纬度达25°，南北气温差异十分显著，是世界上降水量较多的国家之一，主要包括日本海一侧冬季的降雪，夏季连绵不断的梅雨以及夏秋季的台风。

日本是一个多山的岛国，山地成脊状分布于日本的中央，将日本的国土分割为太平洋一侧和日本海一侧，山地和丘陵占总面积的 71%，森林覆盖率高达 67%。富士山是日本的最高峰，海拔 3 776m。日本的平原主要分布在河流的下游近海一带，多为冲积平原，规模较小，较大的平原有关东平原、石狩平原、越后平原、浓尾平原、十胜平原等，其中关东平原面积最大。日本的河流长度短，水能资源丰富，最长的河流是信浓川，最大的湖泊是琵琶湖。

日本全国由 1 都（东京都）、1 道（北海道），2 府（大阪府，京都府）和 43 个县组成。

2.3.2 景观特色

2.3.2.1 樱　花

樱花是日本标志性的景观。樱花在世界各地都有栽培，但以日本最为著名，日本被誉为"樱花之国"，有许多的赏樱场所。日本把每年的 3 月 15 日至 4 月 15 日定为"樱花节"，在这个赏花季节，日本人聚集于各地赏樱名所，坐在樱花树下，举杯高歌，谈笑风生。日本以樱花命名的街道、车站、市镇、商标、饭菜和茶点比比皆是。文学家写咏樱诗，画家绘樱花图，音乐家谱赞樱曲，银行印出樱花图案的钞票，工厂制出樱花工艺品，电视台以樱花为背景做节目，并特辟报告樱花开花动态的专栏。樱花的魅力和影响力渗透到日本社会生活的各个领域，樱花作为大和民族的象征，已扎根到民族文化的深处。

2.3.2.2 稻　田

日本的水稻田面积占耕地总面积的 1/2 以上，据日本农林水产省统计，2006 年，日本全国耕地面积为 467.1 万 hm^2，其中，水田面积 254.3 万 hm^2，占耕地总面积 54.4%（梁正伟，2007）。日本以丘陵山地为主，可耕种的平地面积非常少，稻米是他们赖以生存的物质基础。水稻种植是日本农业中的主要产业，日本各地乡村都可以看到绿油油的大片稻田，日本的稻田艺术令人赞叹。

2.3.2.3 森　林

日本森林面积 2 508 万 hm^2，约占国土面积的 2/3，属世界上少有的森林覆盖率高的国家。第二次世界大战后日本高速经济成长时期，在采伐迹地上营造了大面积的人工林，其主要树种有柳杉、扁柏、落叶松等（王燕琴，2017）。高森林覆盖率使得日本到处都是郁郁葱葱的树木，风景优美。

2.3.2.4 红　叶

日本被视为世界上红叶最美的国家之一，红枫等秋天叶色转变的树木，与山明水秀的景观相得益彰。日本的红叶景观分布在原野和庭园，一部分属于自然景观，另一部分与寺庙等人文景观交融，形成庭园景观。

2.3.2.5 温　泉

频繁的地壳运动造就了日本星罗棋布的温泉，从海上小岛到山中秘境，处处都有各式温泉。日本从北到南约有 2 600 多座温泉，有 7.5 万家温泉旅馆。每年日本约有 1.1亿人次使用温泉，相当于日本的总人口数，因而，日本有"温泉王国"的美称。日本的温泉不仅数量多、种类多，而且质量很高。各地几乎都有有名的温泉，对日本人来说泡温泉是一种享受，更是生活中必不可少的一部分，温泉及温泉文化是日本的一大特色景观。

2.3.3　景观法（高杰，魏倩，林广思，2016）

2004 年 6 月 18 日，《景观法》在日本国会正式通过，这是日本法律中第一次吸纳了"景观"这一概念。《景观法》出台之前，日本各地的景观条例多种多样，因此，它整合了地方景观立法，使得景观法律的推行具有一致性。《景观法》的出台统一了地方立法上的法律用语，促使地方景观立法进行了相应修改。

2.3.3.1 《景观法》的概念

《景观法》中，并没有对"景观"一词做出法律上的直接界定，而是通过界定"良好的景观"，框定法律所保护的规制对象和立法宗旨。按照《景观法》的规定，"景观法"是指城市、农村和山林渔村等为了形成良好之景观，所规定的与良好景观形成有关的基本理念和国家等承担的责任和义务，以及景观规划的决定、景观地区为了形成良好景观形成的具体规制以及景观整备机构（建设和管理机构）等提供支援时要求的具体措施。

作为《景观法》的基本理念，主要包括以下几个层次：第一，良好的景观，是具有美丽风格的国土形成以及丰富的生活环境之创造中所不可欠缺的重要组成部分，必须运用国民共同资产对其加以整备和保全。第二，良好的景观是由地方上的自然、历史、文化等于人们的生活、经济活动相互调和而形成的，必须对其加以适当的限制，以调和与土地利用之间的关系，实现景观的整备和保全。第三，良好的景观与地方特色紧密相关，必须尊重地方居民的意向实现景观的多样性之形成。第四，良好的景观可促进当地观光以及地方之间的交流。第五，《景观法》的目标不仅在于对现有良好景观的保全，还在于创造出新的良好景观。可见，良好景观的法律界定要求从景观的公共性、综合性、地域性、协同性、保全与创造之间的平衡5个方面具体评价。

从《景观法》的规制范围上看，法律所规制的范围包括宏观和微观两个层面。微观层面上，《景观法》的规定范围包括重要景观建筑物、重要树木等景观构成元素，同时也包括与微观层面意义上之景观有密切关联的景观重要公共设施、景观农业和自然公园。而在宏观层面上，《景观法》所规制的范围则是景观地区与准景观地区，是微观景观的集合形态之表现。因此，从这一意义上而言，《景观法》的制定直接影响了以往类别化细分的其他立法，导致了《城市规划法》《城市绿地法》和《屋外广告物法》等法律的修订。

2.3.3.2 《景观法》的特征

（1）《景观法》的国家法属性

《景观法》是规定良好景观之形成与国家等责任和义务的基本法律，同时对景观规划的方案、景观地区为形成良好景观的地方规制、景观整备机构提供具体支援措施进行综合规定的法律。

（2）适用对象的广泛性

《景观法》的适用对象不仅限于城市景观，同时也适用于农村和自然公园等。对于文化财产保护法下的文化景观，《景观法》也同时适用。

（3）《景观法》与地方立法的融合

由于景观的特性各个地方有所不同，为使景观反映地方个性，《景观法》的规制内容可通过地方条例尽可能细化。

（4）景观决策的社会参与

法律确保社区居民和非营利组织能在地方景观整备和保全中，容易参与到决策中来。

（5）《景观法》中的软法

《景观法》中的软法主要是指通过景观协议会，景观协定、景观重要建造物相关的管理协定等，规定景观整备与保全中的软法制度。

（6）税制与财政支援

在对景观立法的同时，提供针对景观重要建造物在税制上的措施，以及景观形成事业推进费等财政上的措施。

2.3.3.3 《景观法》的基本构成

《景观法》的内容主要包括法律适用的主体、景观规划制度、景观区制度、景观协定、景观整备机构、与其他法律之间的关系等。

（1）法律适用主体

作为法律适用主体，国家、地方公共团体、事业者、居民对于良好景观的形成，在具体政策的制定和协助实施中都负有责任和义务，即景观是国家的景观，是地方的景观，是民众的景观。因此，作为景观受益者的国家、地方和个人对于景观的建设和维持，具有法律上的权利，同时负有法律上的义务。法律适用主体的广泛性决定了《景观法》已经超越了传统意义上的行政法范畴，具有社会法的属性。

（2）景观规划与景观区域制度

景观规划主要是通过地方基层景观行政团体决定。为确保《景观法》的强制力，法律赋予景观行政首长命令权，可对景观规划区域内的建筑物发出通知或劝告，并在必要的情形下，就建造物等的形态、色彩以及外观设计等做出变更命令。此外，景观行政团体可指定区域内重要建造物为"景观重要建造物"。无景观行政团体首长的许可，不得变更现状；对于景观中的重要树木，也可将其指定为"景观重要树木"，与"景观重要建造物"同样管理。上述指定重要建造物或树木的管理，可经由景观整备管理机构与建筑物或树木所有人缔结管理协议实现。景观规划中设定的道路、河流、城市公园等景观重要公共设施中，施行占用物的行政许可制度，另外还对电力、自来水道等设定了特别规范。

为使地方形成优美的街道景观，市町村可在城市规划中的地区，对建筑物的外形设计制定景观区的限制，实行"景观区域制度"。景观区内的建筑物建设，必须获得市町村长对其建筑设计外形的认定方可施工。市町村可以制定自己的条例，对人工构筑物的建设和开发等行为规定必要的限制，并可在城市区域内或准城市区域内设定准景观区，并与景观规划区内土地所有者签订景观协议。此外，景观行政团体还可对景观事业中业务良好的公益法人或非营利组织，制定其为景观整备机构。

（3）社会参与

为确保社会参与原则的实现，地方居民可就景观规划进行建议，景观规划区内还可组织景观协议会，通过景观协定、指定重要建造物等有关的管理协定，实现景观整备和景观保全上软法规制。景观协议会有景观行政团体组织，并尊重协议会做出的景观协议事项。从事景观事业的公益法人或非政府组织还可被指定为景观整备机构，协助景观行政团体的具体行为。

（4）与《建筑标准法》和《城市规划法》等法的关系

由于《景观法》的制定是为了实现对微观和宏观景观保护的社会目标，因此在大景观下的法律规制也对相关立法产生了直接影响。为配合《景观法》的实施，日本还对与景观有关的《建筑标准法》《城市规划法》和《屋外广告物法》等进行了修订。

在《城市规划法》中，增加了景观行政团体的行政许可制度，即在城市开发标准的制定中增加了景观行政团体的参与，由其制定景观规划标准，在《城市规划法》中废止"美观地区"的概念，由《景观法》规定为"景观地区"。

在《建筑标准法》中，除在建筑规范上规定建筑物高度限制、占地面积的最低限度外，还在地区景观条例中规定景观地区的建筑规范。对于构成景观重要建筑物的，在获得国土交通大臣的承认后，市町村可放松对其外观不构成影响的占地率与高度的法律限制。

在《屋外广告物法》中，规定都道府县可制定条例，创设室外广告经营者的登记制度。景观行政团体对室外广告物规定了其必须遵守该景观规划。此外，还强化了基层景观行政团体——市町村的作用。都道府县可在条例中规定，室外广告物的有关规定交由市町村具体规定。对于非法室外广告物的处理，法律上规定了建议拆除制度，对于违反法律的室外广告不执行拆除命令的，法律规定了待执行制度以及相应的保管和拍卖制度。

2.3.4 典型乡村景观

2.3.4.1 越后妻有（朱建岗，邹毅，2019）

据 1827 年的人口统计，越后妻有所在的新潟县人口为 145 万人，是东京 78 万人口的近两倍。如今农田间仍散布着许多农舍、碾米厂和中小学，昔日农业的繁盛可见一斑。

明治维新后，日本为了实现"脱亚入欧"等目标，开始侧重于在太平洋一侧的大城市发展工业，包括越后妻有在内的日本海一侧则逐渐变成向工商业城市提供粮食的边陲地区。

第二次世界大战后，伴随着日本经济爆发性的增长，东京都市圈快速扩张与新潟县农业持续低迷的叠加，城乡差距进一步拉大，越后妻有等山区农业地带的衰退首当其冲。

20 年前的越后妻有老龄化严重、年轻人涌向城市、产业凋零、房屋空置、学校关闭、农田荒芜，乡村缺乏生机。然而，越后妻有是幸运的，这样的局面在 2000 年后得到了扭转。

日本著名艺术策展人北川富朗先生通过大地艺术节，邀请世界各地艺术家前来参展，让这个几乎被世界遗忘的日本乡村从此焕发生机。艺术节充满当地风土人情，并与自然及社区息息共生，每3年举办1届，至今共举办了6届。

艺术节荟萃全球几百位顶尖艺术家，以越后妻有土地为灵感，与当地村民一起，创造了超过900件艺术作品，这些艺术品散落在村落、田地、空屋和废弃的学校等760km²的广阔土地上，让这里的艺术气息飘向了全世界。

在艺术节的带动下，越后妻有逐渐成了日本知名的旅游目的地。前来艺术节的游客，已经从第一届的16万人增长到了第六届的50万人，在50多天的艺术节期间，相当于1天1万人的游客量，这对于一个原本不知名的乡村来说，十分罕见。同时，因为大地艺术节，越后妻有所在的新潟县也获得了良好的经济收益，应该说大地艺术对越后妻有就像魔法师手上的魔法棒，让这个破败凋倒的乡村地区重获新生。

越后地区在川端康成《雪国》里是这样描述的"穿过县界长长的隧道，便是雪国"。越后妻有就坐落在越后地区最南端，是新潟县包括十日町和津南町在内的一片乡村区域，一年中有一半时间被大雪覆盖。从越后妻有到东京乘火车差不多两个小时的车程，这里是非常偏远的深山雪乡。

（1）艺术为农产品带来新的商机

越后妻有所在的新潟县稻米产量仅次于北海道，越后妻有自身是传统的农耕地区，一直以来局限于原始农产品销售方式，虽然有着"越光米""吟酿清酒"这样质量受人肯定的农产品品牌，但卖得再好依然无法突破传统农产品天花板的局限性。

越后妻有运用艺术节带来的艺术大师们的设计，开始创造属于这片土地的新特产。在大地艺术节的线上商城中，有众多当地特产在贩卖，而其中有不少商品融入了曾来布展的知名艺术家的作品元素，成为具有大师标签的创意产品。

（2）艺术让乡土旧物焕发新生

随着人口的流失，越后妻有很多民居被闲置，出现了几百座废弃的空屋。处理他们需要大量花费，但若放任不管，很有可能随着时间的流逝，这些房屋将变成废墟。因此大地艺术节从第一届开始就关注空屋改造的问题，在现存的359件作品中，有1/5都是以空屋为场所或者是由空屋改造而成的。大地艺术节的目的之一，就是让这些废弃的房屋以艺术的方式重新焕发出文化魅力。

这种艺术化的民宿改造，不仅使得旧屋得以再生利用，更成为吸引很多旅游者来此驻留的吸引物。如果没有这些艺术家多年的坚持，相信这些美丽的老屋、村庄早已在这个地球消失。

（3）艺术驱动乡村文化复兴

来自俄罗斯艺术家伊利亚与艾米利亚·卡巴科夫夫妇创作的《梯田》，这部作品是艺术呈现乡村生活场景的典范。两位艺术家的做法不同于传统艺术作品，他们直接将农民耕作的形象栩栩如生地放在了梯田中，在农田里树起了彩色的农民雕塑，分别呈现出"犁田、播种、插秧、割草、割稻、到城里贩卖"等动作状态。并将一首歌颂农民的诗，以雕塑的形式耸立在梯田中的农民雕塑旁。

此外，他们还在梯田对面建立了观景台，使得整个作品就像是从画册跳到现实中的绘本诗歌。这个作品是越后妻有最知名也是最经典的艺术作品之一。这是因为在被人耕种的田地中，用艺术的方式呈现和歌颂了当地农民农耕生活的原有风貌场景，使得艺术完全融入乡村环境之中，成了一件充分展现地域精神、有灵魂的艺术作品。

（4）艺术激活文创经济

为了复兴当地经济，艺术节的组织者、艺术家和当地村民共同合作，将当地的民俗手工艺品借助艺术家们的设计"加持"，大幅提高了文创商品的吸引力及售价。比如草间弥生的《花开妻有》作品图案的包裹布，售价高达 4 800 日元（1 日元 ≈ 0.0663元，按 2020 年 5 月 8 日汇率），具有田岛征三设计图案的包裹布也卖到了 3 800 日元的价格。

这些原本在越后妻有的荒山中无人问津的东西，除了包裹布外，还包括儿童拼图、标签纸、钱包等，在大师设计的带动下，现在不光在越后妻有很受游客喜欢，甚至还卖到了东京最繁华的新宿。老牌百货商场伊势丹专门为来自越后妻有的经过艺术化设计的商品定期举办专场展销会，深受年轻时尚消费人群的欢迎。

（5）艺术促进旅游发展

越后妻有艺术节对当地旅游业的发展所起到的促进作用是毋庸置疑的，这个往日名不见经传的日本乡村，因为艺术节的举办，她的知名度也随着艺术节的影响力而被世界各地人们所知晓。

越后妻有大地艺术节不仅是世界艺术家每 3 年一次的盛会，更是当地人借此创新产业、重振经济、发展旅游的手段。一方面，这里的民宿、餐饮、文创商品因游客的激增而直接受益。另一方面，这里的滑雪、温泉等周边旅游项目也因此兴旺发展。每届艺术节的优秀作品得以永久保留，丰富了越后妻有大地艺术观光旅游的内涵，让这里一年四季保持着旅游的热度，而不仅是艺术节期间。

越后妻有大地艺术节的成功还有一个不能忽略的核心因素就是组织。这跟发起人和艺术策展人北川富朗先生有关，北川富朗的老家就在同属越后妻有的上越市，起初他因被越后妻有的衰败所震撼，从而立志用艺术拯救故乡。回望这近 20 年的坚持，可以说北川富朗是越后妻有的"拯救者"，而他采用的手段就是艺术。

在越后妻有大地艺术节中，艺术家们负责艺术作品本身的创作，而整个艺术节本身的举办工作，如布展、协调和组织运营等就落在了由本地居民和区域外的支持者组成的"越后妻有—里山合作组织"身上。

值得一提的是这里的核心主力"小蛇队"，他们的成员包括本地居民、来自东京等日本各地及海外的义工，他们本着自身兴趣志愿加入，通过内部自发组织的方式参与到艺术节的组织工作中。从艺术节开幕前协助艺术家完成艺术品的制作、到开幕之后各场馆的接待管理，甚至是艺术作品、餐厅、民宿的运营，都可以看到这些热心义工的身影。

除了组织以及艺术与乡村生活的融合等因素外，越后妻有大地艺术节有如此强大生命力的根本原因在于北川富朗所坚持的理念，北川富朗从一开始就把振兴乡村作为终极目标，艺术只是振兴乡村的手段和载体。

根据大地艺术节执行委员会进行的问卷调查显示，93.9%的委员认为大地艺术节对激发当地活力有积极效果，86.4%的相关业主表示大地艺术节期间销售额有所提升；95.7%的业主希望继续举办大地艺术节，每一届艺术节可以为新潟县创造出大约50亿日元的可观经济效益。

由此可见，以乡土为根的艺术节，才是真正受民众支持的振兴模式。大多数艺术节往往"来了就走"，与当地居民没有互动关系。而越后妻有的艺术节，正是因为将艺术深深地根植于乡土之中，才使得村民们从最初的怀疑抵触，转变为如今的全力支持，跟艺术家建立了深刻的互助、依赖关系。

2.3.4.2　合掌村（华城汇文旅集团，2018）

合掌村坐落在日本岐阜县白川乡。"合掌造"房屋建造于约300年前的江户至昭和时期，为了抵御大自然的严冬和大雪，村民创造出的适合大家族居住的建筑形式。屋顶为防积雪而建成60°的斜面，形状有如双手合掌。

1935年，德国建筑师布鲁诺·塔特在日本偶然发现了这座美丽乡村，他被自然环抱着的合掌建筑村落的和谐景观深深感动，回国后出版了《再探美丽的日本》，合掌村的茅草屋建筑由此被世人所认知，在1995年12月，合掌村被列为世界文化遗产。

合掌村的乡村建筑与山间的自然环境十分和谐，所见之地，并没有钢筋水泥建造的现代建筑，而是用自然生长的树木和茅草所建造的造型独特的房屋，这种房子能很好地阻挡冬天的大雪和夏天的暴雨。这么一个小村庄，每年游人如织。它依靠的就是"原汁原味"，没有过多现代化的建筑，反而成为当地特色，合掌村的成功有以下几点启示。

（1）保护传统建筑

合掌村的茅草屋建筑，全部由当地木材建造且不用一颗铁钉，能保留至今确实很不容易。1965年曾发生大火烧毁了一半以上的茅草屋建筑，村里有3～4人主动带领大家重建家园，开始了一场保护家园建筑茅草屋的运动。由此，继承和发扬了合掌村的一个历史传统：每家都有囤积茅草的习惯，凡是一家房屋需要更换新茅草屋顶，家家户户携带自家囤积的茅草来相助并参与更换屋顶的工事，一家更换新屋顶只需要一天就可以全部完工。

（2）制定景观保护与开发规则

为妥善保护自然环境与开发景观资源，合掌村村民自发成立了"白川乡合掌村村落自然保护协会"，制定了白川乡的《住民宪法》，规定了合掌村建筑、土地、农田、山林、树木"不许贩卖、不许出租、不许毁坏"的三大原则。

协会制定了《景观保护基准》，针对旅游景观开发中的改造建筑、新增建筑、新增广告牌、铺路、新增设施等都做了具体规定。比如可以用泥土、砂砾和自然石铺装，禁止用硬质砖类铺装地面。管道和空调设备等必须隐蔽或放置街道的后背。户外广告物以不破坏整体景观为原则。水田、园地、小路和水系是山村的自然形态，必须原状保护，不能随便改动。

合掌村内凡有需要改造或新建住房，都必须事先提交房屋外形的建筑效果图和工程图，说明材料、色彩、外形和高度，得到协会批准后才能动工，以维持村落的整体风貌。

（3）建立合掌民家园博物馆

当一些村民移居城市后，在协会的策划下，针对空屋进行了"合掌民家园"的景观规划设计，院落的布局，室内的展示等都力图遵循历史原状，使之成为展示当地古老农业生产和生活用具的民俗博物馆。"合掌民家园"博物馆是数栋合掌建筑和周边自然环境相结合的美丽景点。每个合掌屋前后都种植了不同的花草植物，装饰得非常美丽，形成了一处具有很高审美价值的乡村景观。

（4）旅游与农业结合

旅游开发不能影响农业生产，如何发展当地农业并与旅游观光事业紧密结合，是村民们面对的一大课题。合掌村农业生产景观也成了一道景观。白川乡把当地农产品以及加工的健康食品与旅游进行了整合，使游客既能观赏美景又能品尝当地新鲜农产品，也能带有机农产品回家。这种就地消化农产品的销售方法，减少了成本，增加了收益。

（5）开发传统文化资源

合掌村从传统文化中寻找具有乡土特色的内容，他们充分挖掘以求神来保护村庄和道路安全为主题的传统节日——"浊酒节"，在巨大的酒盅前举行隆重的仪式。从祝词到乐器演奏、假面歌舞、化妆游行和服装道具等都进行了精心的设计。节日时合掌建筑门前张灯结彩，村民都来参与庆贺节日，节日的趣味性也成为吸引游客观赏的重要内容。除大型节日庆典外，村民们还组织富有当地传统特色的民歌歌谣表演。把传统手工插秧，边唱秧歌边劳作的方式作为一种观光项目，游客也可参与以体验农耕的快乐。

（6）配套建设商业街

商业街的规划建设包括餐饮店、便利店、土特产店和旅游纪念品商店等，这些都是具有乡土特色的商店。每个商店都有自身的主要卖点，整体布局合理，方便游客。"白川乡合掌村村落自然环境保护协会"的建筑规则赋予商业街整体美，店面装饰充分利用了当地的自然资源，体现了温馨的朴实美，旅游商品的工艺和趣味性吸引了大量游客。

合掌村善于结合时尚，以植物花草为元素装饰家园，把村庄装扮得花团锦簇。游客总是在美丽的田野间、村庄旁和商店前拍照留影，合掌村的生态景观给来自世界各地的游客留下了难以忘怀的美好印象。

（7）民宿与旅游结合

由于旅客越来越多，留宿过夜、享受农家生活的客人也随之增多。1973年前后，白川乡开始了民宿的经营项目。为迎合游客的居住习惯，对合掌屋室内做了改造，建筑外形不变，内部基本上都经过了精心装修，并配有电视、冰箱、洗衣机、洗漱和厨房设施等。

在全新的现代化环境中，依然保留了一些可观赏的具有历史意义的器具，旅客在住宿中能感受到农村生活环境的朴实与温馨。在这里，城里人们可以深深体会到久违的宁静和安逸。在民宿的外部环境设计上，用不同花卉或农作物装饰美化自家房前屋后。

（8）建立自然环境保护基地

白川乡与丰田汽车公司联合在白川乡的僻静山间里建造了一所体验大自然的学校，2005年4月正式开学，成为以自然环境教育为主题的教育研究基地。来观赏合掌村世界遗产的人们同时可以来到这所学校里住宿、听课、实习和体验。一年四季都有丰富的观赏和体验内容。在这里可以体验城市中没有的快乐，学习保护地球自然环境的知识。

2.3.4.3 富良野

富良野市是日本北海道的一个城市，平常提到的富良野包括富良野市、中富良野町、上富良野町和美瑛町。富良野为海洋性的温带季风气候，平均气温1月-10～-4℃，8月18～20℃，年降水量800～1 200mm，12月至次年3月有积雪，最深达4m。富良野四季分明，农牧业发达，也是观光胜地。

每年夏季各色各样的花卉盛开，整个富良野就像一片广阔的花卉海洋，让人目不暇接，其中多彩缤纷的富田农场最常出现在北海道的风景明信片中，农场的彩色花田是富良野代表性景观，宛如一条豪华的花毯伸向花田边的森林。

除了赏花，购物也是一大乐趣，农场自家研发精心制造的香水、薰衣草糖、易开罐式的简易栽培薰衣草罐等深受游客欢迎，同时还可体验亲手制作薰衣草枕头。

2.3.4.4 河津町

河津町位于日本静冈县伊豆半岛南部，是河津樱的发祥地，也是东京近郊樱花开花时间最早的地方。河津樱是一种日本樱花的园艺品种，树形高大、花色明艳亮丽，花期特早，以粉红色的花朵为特色，花期很长，从开花至满开历时一个月，开花时节整个河津地区都被染成浪漫的粉红色。

每年2—3月，这里都会举行隆重的河津樱花祭，前来赏樱的游客高达百万人，场面热闹非凡。8 000棵樱花竞相绽放，4km的沿河赏樱大道灿烂夺目。在活动现场，还可以品尝到各种美食，热闹的摊位在粉嫩可人的樱花映衬下，别具风情。

2.3.4.5 田舍馆村

田舍馆村位于青森县，是稻田艺术的发源地，也是世界上少有的农业与艺术共生的地方，因其独特的稻田艺术而闻名世界，每年吸引大量游客前往观光。稻田艺术是日本特有的一种艺术创作形式，人们将水田当作画布，在上面种植不同色彩的水稻来描绘美丽图案。

几个世纪以来，农业都是田舍馆村主要的经济来源。大量的农田对于这个8 000多人的乡村来说绰绰有余，其中稻田就占据了整个村子一半以上的土地。这里土地肥沃，水稻产量高，是日本有名的稻米产区。

自1993年起，当地为游客提供水稻耕作之旅，从种植到收获，人们可以亲身体验水稻耕作的全过程，还请来艺术家设计各种巨大且色彩鲜艳的人物形象于稻田之上，目前，这种稻田艺术也已成为当地旅游的支柱。

为了创造令人惊叹的稻田艺术，当地农民需要将一系列色彩鲜艳的水稻与传统的绿色水稻种在一起，不同色彩的水稻在一起和谐生长。这种稻田艺术起初图案非常简单，到后来发展得越来越复杂与精美。用于制作稻田艺术的水稻有绿色、黄绿色、深紫色、黄色、白色、橙色和红色共7种颜色的品种。

田舍馆村的稻田艺术在两个区域进行创作，分别是第1会场和第2会场，其中第1会场长143m、宽103m，面积约1.5km^2。至今为止，这里的人们每年都会挑选主题进行创作，其主题包括了日本和世界名画、日本传说和历史典故、动画片和电影等。

确定了主题后，制作设计图，按照设计图确定好不同种类水稻的种植范围，然后在水田中打下木桩，拉上绳子。只要在不同的区域种植指定色彩的水稻，初夏时水稻成长后，就能看到设计图上描绘的图案。为了更好地观看稻田艺术，当地还为此专门建造了独特的观景台。

每年 6—9 月，田舍馆村都会举办稻田艺术节，当地的村民热情欢迎每位游客去感受他们 20 多年的传统，加入他们每年的稻田耕作活动，其他的村庄也开始追随田舍馆村的脚步，创造属于自己的稻田艺术。如今，日本已有超过 100 个乡村有这样的稻田艺术供游人参观。

3
聚落景观

3.1 乡村聚落

乡村聚落景观是人类智慧的结晶，在漫长和复杂的演变过程中，形成了独特的地域特色，它不仅充分展示了人与自然和谐共处的生产和生活方式，而且提供了一个与城市不同的生活空间，其朴实和人性化的特征，是当代许多城市缺失的。

传统乡村聚落十分重视对周边自然环境的保护和利用，一般都能做到充分利用地形，因地制宜，巧用自然，借助聚落选址、空间布局以及建筑材料等与环境融合在一起，与自然和谐统一。乡村聚落一般就地取材，尺度宜人，环境亲切舒适。

作为人类原初而广泛的聚居地，传统乡村聚落是人们生活、居住、休憩与进行各种社会活动的场所，传统乡镇、村寨等典型"自下而上"自然演进所形成的聚落是乡村地域劳作生产、社会生活、乡土建筑等景观特征的集中展示与体现（王静文等，2017）。

乡村聚落是在特定的社会历史发展和自然地理条件的影响下逐渐发展形成的，其形态与景观特征是历史、人文、自然等诸要素合力的结果与表现，并因为与人们的生活保持最紧密直接的联系而激发人的美感（孙艺惠等，2008）。

3.2 乡村地形

地形起伏是影响村落外部空间的主要因素，不同的地形决定了乡村聚落的不同形态。地形是乡村聚落选址首先考虑的重要因素之一。福建境内峰岭耸峙，丘陵连绵，河谷、盆地穿插其间，山地、丘陵占全省总面积的80%以上，素有"八山一水一分田"之称，地势总体上西北高东南低，在西部和中部形成北东向斜贯全省的闽西大山带和闽中大山带。两大山带之间为互不贯通的河谷、盆地，东部沿海为丘陵、台地和滨海平原。福建有变化多样的地形，丰富的地形形成了多彩的乡村聚落形态，下面分析几种乡村地形与聚落形态。

3.2.1　围合型乡村

3.2.1.1　上村村

上村村位于福建省宁德市霞浦县盐田乡西北部，与崇儒乡交界，地处杯溪中游，双溪交汇，风景秀丽，人口 1 129 人，耕地面积 37hm²，森林面积 407hm²。上村村始建于清朝初期，有近 400 年的历史，形成了远近闻名的"杯溪古厝群"。

上村村是一个四周群山围合而成的山间小盆地，小盆地面积约 1km²，只能从东南面山谷曲折而入，溪流与溪边道路是与外界沟通的走廊，整体地势自南向北逐渐递升，两条小溪自北向南，从东西两侧流入村庄，并在村口汇合，这种空间结构具有世外桃源的典型特征。

上村村具有理想的地形，肥沃的农田，茂密的森林，清澈的溪流和古老的村落，生态环境好，景观质量高，必须充分保护这些自然景观和文化景观，并加以合理利用，把资源优势转化为产业优势，为村民创造更好的栖居环境和生活质量，为游客提供更美的乡村旅游目的地。

3.2.1.2　直垄村

直垄村位于福建省松溪县河东乡，是岩后村的一个自然村，地处一个小山谷里，村口两山夹一条小溪，空间围合非常好。村落周围山岭与谷地之间的比例比较恰当，构成了尺度宜人、变化丰富的地形景观。村中还有玄武岩景观、野生禾雀花和传统民居等景观资源，宜建设休闲设施，发展乡村旅游。

3.2.2　山坡型乡村

3.2.2.1　稠岭村

稠岭村位于福建政和县外屯乡，地处政和县东部，东南与镇前镇交界，西北是外屯村与溪头村，福建省道 302 穿境而过，西至县城 30km，南至周宁县城 45km，西南到白水洋景区 59km。气候为海洋性季风湿润气候，年均气温 14℃，年均降水量 1 800mm。稠岭村位于山坡上，对面就是佛子岭风景区，佛子岭怪石林立，古木苍苍，有狮峰、笔架峰、猪头峰、天成岩、悬空石柱和双乳峰等，景色优美，引人入胜。

稠岭村海拔高，坡度较陡，空气清新，水质优，视野开阔，毗邻风景视觉质量高，植被郁郁葱葱，生物多样性丰富，生态环境良好，还有一片绿油油的茶园，团块状聚落集中分布于缓坡上，整体景观质量高，是一个适合发展高优农业，并开发观景和避暑等休闲产业的乡村，应以保护为主，适度开发。

3.2.2.2 念山村

念山村位于福建省政和县星溪乡，距县城 11km，境内生态环境优美，景色宜人。念山村位于山坡上，形状各异的梯田连绵成片，对面山峰林木茂密，山峦叠翠，群峰逶迤。

念山村海拔高，视野开阔，坡度较缓，梯田面积大，于森林和梯田之间分布小型团块状聚落，毗邻风景视觉质量高，整体景观质量高，适合发展特色农业和乡村观光产业。

3.2.2.3 龙安村

龙安村位于三明市三元区莘口镇，距离三明市区 20km，海拔约 750m，整个村落位于半山，房屋错落有致，黑瓦白墙，多以二层建筑为主。村落依着翠绿的山峦，房屋与大山融合在一起，成了大山的一个部分。这种建筑风格，似乎在闽西北的农村还不多见，让人觉得典雅和质朴。村中的古民居、石墙和青石板路，山坡上的梯田、果园、竹林和茂密的森林构成了一片世外桃源的景象。

龙安村地处深山，远离城市与交通干线，海拔高，坡度较缓，空气清新，水质优，有大片的原生林，植被郁郁葱葱，生物多样性丰富，生态环境非常好，梯田面积较大，于森林和梯田之间分布小型团块状聚落，毗邻风景视觉质量高，整体景观质量高，适合发展特色农业和乡村观光产业。

3.2.3 滨江型乡村

水南村位于南平市建阳区麻沙镇，地处麻阳溪之南，故名"水南"。水南村历史悠久，始建于唐末，距今已有近 1 100 年历史。水南村有平坦的土地和翠绿的山林，水南村村民历来以种田为主，淡水养殖是该村的一项特色产业。自 20 世纪 80 年代开始在山坡地种植品种优良的葡萄，现在已发展到 800 多亩（1 亩 ≈ 667m²，1hm²=15 亩，全书同），成了远近闻名的山地葡萄村。小村风景秀丽，村边有近百亩的楠木林，林内道路纵横，鸟语花香。

水南村位于溪边谷地，与麻沙镇区隔河相望，临近镇区与交通干线，有大片原生林，植被郁郁葱葱，生物多样性丰富，空气清新，水质清澈，生态环境非常好，农田平坦、面积较大,山地坡度较缓,毗邻风景视觉质量高,整体景观质量高,适合发展高优农业和乡村观光休闲产业。

3.2.4 滨海型乡村

3.2.4.1 南门村

南门村位于漳州市诏安县梅岭镇,地处梅岭半岛东南部,东连东门村,西南临诏安湾,北至赤石湾,依山傍水,滨海风光引人入胜,人文景观也非常丰富,拥有悬钟古城、果老山石刻、望洋台、关帝庙等众多的名胜古迹和海丝文化遗存。南门村渔农并举,耕地总面积404亩,山林1 500亩,渔业以捕捞为主,产品有金色沙丁鱼、石斑鱼、马鲛、鲳鱼和西施舌等。

南门村半岛南端,海域辽阔,海水清澈,村落位于山坡上,视野开阔,植被覆盖良好,文化景观丰富,毗邻风景视觉质量高,适合发展特色农渔业和滨海乡村观光休闲产业。

3.2.4.2 大京村

大京村位于宁德市霞浦县长春镇,地处东冲半岛东部,这里三面傍山,东面临海,天蓝水清,风景秀丽,物产丰富,地灵人杰。大京古堡,已经历700多年的风风雨雨,是当时福建海疆四大城堡之一,至今仍保持完好。大京村沙滩呈半月形,细沙金碧柔润,脚踩无痕。在村后的山顶上,建有许多白色的大型风力发电机。在村落与沙滩之间的木麻黄防护林带是重要的生态屏障,既可以防止风沙侵蚀村落和农田,又可以有效保护沙滩免遭人为破坏,是沿海地区乡村自然景观保护得最好的地方之一。

大京村依山面海,有大面积的平坦土地,村落位于山麓,村前面对大片农田,农田之外是木麻黄防护林带、沙滩、大海以及岛屿,这种地形和村落布局堪称完美,加上高端的自然景观,丰富的文化景观,良好的生态环境,具备了发展特色农渔业和滨海乡村观光休闲产业的极好条件。

3.2.4.3 渔家地村

渔家地村位于宁德市霞浦县长春镇,地处东冲半岛东部,村落位于一个陡峭的山坡上,几乎没有平坦的土地,直接面对大海,视野异常开阔,村前的大海中散布着许多的岛屿,蓝天碧海,风景如画。村民以捕鱼,养殖紫菜和海带为生。

渔家地村直接面海,植被丰富,地形独特,毗邻风景视觉质量高,是观海看日出的好地方，适合发展特色渔业和滨海乡村观光产业。

3.2.4.4　大岞村

大岞村位于泉州市惠安县崇武镇，地处崇武半岛最东端，东临台湾海峡，南隔泉州湾与晋江、石狮相呼应，北面隔海与小岞村对峙，西面与港前村紧邻，再往西则和崇武城区和五峰村相连。

大岞村属于东南沿海丘陵台地，境内地势北高南低，聚落依山势自北向南拓展。大岞村海岸线长约3 000m，其中沙岸2 000m，其余为岩岸。大岞村耕地资源少，在山上岩石丛间有零星的分布，但鱼类、贝类、藻类等水产资源丰富。大岞村是崇武国家一级渔港的所在地，也是闻名中外的惠安女的集中居住点。

大岞村，三面环海，视野开阔，既有平坦的土地，又有陡峭的小山，还有绵长的沙滩、碧蓝的大海以及极具吸引力的人文景观，物产丰富，产业发达，非常适合发展渔业和滨海乡村观光休闲产业。

3.2.5　平原型乡村

洪坑村位于漳州市芗城区天宝镇，地处漳州平原边缘，是明末清初古村落，村落格局完整、布局奇特，屋舍错落有致。村内共有4条石板街道，18条排水沟，8口古井，池塘若干，村庄内大小道路纵横交错。

平坦的地形，温暖的气候，丰富的植被和古老的村落，造就了洪坑村独特的优势，整体景观质量高，适合发展特色农业和乡村观光产业。

3.3　聚落道路

3.3.1　道路形态（凯文·林奇，2017）

道路是观察者习惯、偶然或是潜在的移动通道，对许多人来说，它是意象中的主导元素。主要道路必然具有一些特殊的品质，比如沿线一些特殊使用和功能活动的集聚，某些典型的空间特征，地面或墙面特殊的质感，特别的布光方式，与众不同的气味或声响，以及植被的样式和细部，这些都能够使它与周围的道路区分开来。

这些特征同时赋予道路以连续性，假如沿路不间断地具有上述一种以上的特征，那么这条路就可能被意象成一个连续的统一体。其特征可能是林荫道成排的树木，人行道特殊的色彩或纹理，也可能是沿街建筑立面统一的古典式样。这种规律还可能有一定的节奏性，比如不断出现的开敞空间、历史建筑或街角的杂货店。即使是沿街日常拥挤的交通，都会加强这种熟悉意象的连续性。

主要街道在感觉上的与众不同，进而统一成为连续的感知元素，这类似于我们熟悉的功能层次，可以将其称作街道的视觉层次。

交通线路应该有清晰的方向性。如果遇到连续不断的转折，或是模棱两可的渐变弧线，以至于最终形成主要方向的逆转，会严重干扰人类的大脑意识。直线的方向性最为清晰，不过如果道路只有几个明确的接近 90° 的转弯，或是有许多细微的偏转但基本方向不变，也能够形成清晰的方向感。

观察者常用目的地来定义道路，似乎都赋予道路一种指向性，或者称作不可逆转的方向性。事实上要使一条街道被感知成通往某地的一个元素，需要感觉上强烈的目的地和地势或方向上的变化，由此才能带来行进的感觉，也就是说在相反方向上会截然不同。最常见的就是斜坡地，人们可以被告知是"走上"或"走下"某条街道，当然还可能有别的特征。

如果沿线的位置能够通过一些可度量的方法区分开来，那么这条道路就不但具有方向性，而且具有尺度感。通常的建筑编号就是这样一种度量方法。另一种更具体的方法就是在线路上标注一个可识别点，其他位置可以以他为参照，在其"之前"或"之后"，多几个这种确凿的点能够提高位置的精确度。某些特征，比如狭长空间，可以调节地形坡道的变化节奏，使得变化本身也具有可识别的形态。因此人们可以说某个地方"就在街道要迅速变窄之前"，行进中的人们不但能时刻感到"我的方向没错"，而且还能感到"就要到了"。一旦行程中包含了这样一系列的过程，不断地到达或经过一些次要目标，凭借这些自身的特征，出行就具有了含义，因此本身也成为一种体验。

道路不但能作为一个特殊的独立元素的特定形态来意象，同时在不必识别某个特殊道路的条件下，能够从整体道路网的角度来解释所有道路之间的典型关系，这意味着他是一个具备一定的方向、地形关系或间距连续性的网格。一个纯粹的网格应该包含这 3 方面的内容，不过单是方向和地形变化本身就能够给人留下深刻印象。如果某些道路都朝着同一个地形方向，或者沿圆弧方向，他们就很容易与其他道路在形象上区分开来，意象也会更加清晰。道路中的街道名称、编号、空间的渐变、地形、细部和差异也都使道路网具有了顺序感和尺度感。

3.3.2 街 巷

霞浦县盐田乡上村村，古厝林立，街巷纵横，卵石墙基的青砖墙和生土墙构成的街巷空间，自然的色彩和富于变化的质感和对比，丰富了人们的视觉感受，给人以古朴，宁静的美感。这些利用卵石等当地材料精工细作的闽东乡村传统建筑是古人智慧的结晶，是生态设计的最好体现，让人感受厚重的文化底蕴（图3-1）。

图3-1 上村村的街巷
（图片来源：林方喜摄）

3.3.3 公 路

公路是聚落跟外界联系和村内交通的干道，有的公路通到村口或村落中心，也有的穿过村落。随着汽车社会的到来，在许多的乡村，村内公路基本上通到各家各户，形成了乡村聚落道路的骨架。

3.3.4 水 道

3.3.4.1 当 溪

下梅村位于武夷山市武夷街道，距武夷山风景区8km，武夷山市区6km，村落建于隋朝，里坊兴于宋朝，街市兴于清朝。下梅村四面群山环抱，梅溪从下梅村边流过，与流经村中的当溪交汇，形成"丁"字形水网。当溪从源头算起全长2 000 m，原是一条自然过水坑，穿过下梅村，将村庄一分为二（图3-2）。

图3-2　下梅村水道——当溪
（图片来源：林方喜摄）

清康熙年间，下梅邹氏出巨资对当溪进行全面改造，除将当溪南北两岸改造成街路外，还在当溪各段修筑埠头，共有9处，使之更适合发展水运，人们将它称为"小运河"。商贩们就是用竹筏这一水上交通工具，载着茶米油盐、布匹五金，进入当溪进行交易的。此时，下梅已形成武夷山重要的茶叶集散地。武夷山茶叶等货物，自下梅起运，过梅溪水路，运往各地。

当溪为下梅营造了水乡风貌，与梅溪一起构成了一个完美的乡村水系，促进了下梅商业的发展。清初至民国，下梅成为有名的商业集市。如今，由于商业集市转移，当溪水位下降，失去了往日的辉煌，但当溪在排洪、灌溉和方便村民生活方面，仍起着不可低估的作用。

3.3.4.2 六水灌渠

大布村位于松溪县河东乡西北部，距县城 6km，是松溪县历史最悠久的村落之一。大布村地处松溪河中段，河面宽，水流缓，下游可通小木船至松溪县城和建瓯、南平等城市，上游可通竹筏至旧县、渭田、溪东和浙江庆元县的竹口等地，从古代至民国均为闽东北与浙西南边境水上交通要冲。繁荣的水运，带来商业的兴盛，明朝大布曾被称誉为"大埠市"，为当时松溪县五个集市之一。20 世纪 70 年代建成的六水灌渠穿村而过，不仅具有灌溉和交通等功能，而且在村中形成了线性的开放空间，为大布村增添了小桥、流水、人家的水乡气质，造就了大布与众不同的风情（图 3-3）。

图 3-3　大布村水道——六水灌渠

（图片来源：林方喜摄）

3.4 聚落边界

3.4.1 边界形态（凯文·林奇，2017）

边界是线性要素，但观察者并没有把它与道路同等使用或对待，它是两个部分的边界线，是连续过程中的线形中断，比如海岸、围墙等等，是一种横向的参照，而不是坐标轴。这些边界可能是栅栏，或多或少地可以互相渗透，同时将区域之间区分开来；也可能是接缝，沿线的两个区域相互关联，衔接在一起。这些边界元素虽然不像道路那般重要，但对许多人来说它在组织特征中具有重要作用，尤其是它能够把一些普通的区域连接起来。

像道路一样，边界在全长范围内也应该具备形态的特定连续性。如果在远处能够从侧面看得见边界以及清晰连接的两个相邻地区，那么边界就会成为区域特征变化的明显标志，其意义也就得到了加强。当两个反差很大的区域并排设置，而且能够从外部看见它们相邻的边界时，这样的区域在视觉上就很容易引起人们的关注。

当相邻区域的特征对比不明显时，就很有必要区分边界两侧以帮助观察者形成"里—外"的感觉。要实现这一点，可以通过材质的对比、线条的连续凹凸、植物特征，也可以通过坡道、间隔的可识别节点，或是相对特殊地处理某一个端头，使边界沿长度具有方向性。当边界不连续、不封闭时，那么就有必要在它的末端设立明确的界标，和能够使边界完整、定位明确的参照点。

如果边界允许视线或运动相互渗透，那它就不仅仅是一个主要的屏障。即使是的话，它也在一定程度上与两侧的区域构造连接在一起，边界不再是屏障，而是接合处，一条将两个区域接合在一起的变换线。

3.4.2 水 系

水是生命的源泉，是人类赖以生存和发展的不可缺少的最重要的物质资源之一，尤其是在农耕社会下，固定的水源更利于农业生产，水与村落的形成与发展往往有着不可分割的联系。许多乡村聚落位于江河和溪流边，这样既有充足的水源，又有便利的交通，有些村落不仅滨水，而且还位于河流冲积形成的平坦土地上，那里土壤肥沃，非常适宜生产和生活，这样水系就成为聚落的天然边界之一。当然，海岸线也是许多滨海乡村的聚落边界之一。

在许多山区的滨水村落，民居建筑依山而建，临溪而居，不仅在生活上可以充分利用溪水，而且拥有良好的自然景观，水系不仅是乡村聚落的边界，而且是村前一道亮丽的风景线。

3.4.3 农 田

农田又称为耕地，是指可以用来种植农作物的土地，是许多村落发展的物质基础，是农耕文明的载体。福建地形以丘陵山地为主、还有一些山间盆地和沿海平原，分布着大量的农田，许多村落就位于这些农田或农田的边缘中，村落与农田融为一体，这样农田的边缘就自然成为乡村聚落边界之一。

在丘陵山地为保持水土、发展农业生产，沿山坡等高线方向修筑阶梯状的田地，这种田地就是梯田。分布在梯田中的乡村聚落，一般山林位于村落上方，梯田位于村落下方，梯田的边缘成为村落主要的边界。

在山间盆地中的农田，一般地势平坦、田块完整、灌溉条件较好、土质肥沃，是中国南方稻田集中地区之一。分布其中的乡村聚落，一般位于山麓，背靠山体，面向大片的农田，农田的边缘成为村落主要的边界。

有些沿海平原的村落，四周农田环绕，农田可能成为乡村聚落的唯一或主要的边界。

3.4.4 山 体

在许多山区，村落往往位于山麓，坐北朝南，背山面水，这样可以获得充分的阳光照射，遮蔽冬季寒冷的北风，便于取水和采猎食物。由于背山靠地，也可避免水患。而夏季南风经过山体，又可带来降雨，利于植物生长和发展农业，山脚就自然成为聚落边界之一。

3.4.5 围 墙

围墙是一种垂直方向的空间隔断结构，用来围合、分割或保护某一区域。在福建沿海地区，为了防范倭寇，有些传统村落四周建有石头垒成的围墙，出入村庄需要通过一道门，石墙把村子和外界隔开，世世代代地保护着生活在其中的村民，围墙就成了乡村聚落的边界。

3.4.6　道　路

许多村庄沿着道路一侧建设，这种村庄交通便利，且有利于商业发展，道路很明显就成了乡村聚落的边界。

3.5　聚落区域

3.5.1　区域形态（凯文·林奇，2017）

区域是聚落内的分区，是二维平面，观察者从心理上有"进入"其中的感觉，因为具有某些共同的能够被识别的特征。这些特征通常从内部可以确认，从外部也能看到并可以用来作为参照。

区域是一个具有相似特征的地区，因为具有与外部其他地方不同的连续线索而可以识别。相似的可能是空间特征，也可能是建筑形式，也可能是风格或地形，还可能是一种典型的建筑特征，或是一种特征的连续，这些特征相互重叠得越多，区域给人留下的整体印象就越深。事实证明，3～4个这类特征的"主题单元"，对于划定一个区域的界限已经有明显的帮助。通常对一个区域，被访者在头脑中已经积累了一组特征。在一个地区，如果具有几个这种固定不变的特征，其余的就可以随意变换了。

一个区域会因其边界的确定、围合而特征更加鲜明。所有的小岛都是因此拥有了迷人的个性。无论是通过俯瞰、用广角，或是由于地点的突出、凹陷，假如一个区域能够轻易地纵览全局，那么它的独立性确定无疑。

区域的内部还可以进行组织，有可能进一步划成一些不同的分区，共同组成一个整体；也可能以节点为中心呈辐射状结构，存在渐变或其他的暗示；或者通过内部的路网结构形态进行组织。

区域与区域的连接，可能毗邻、通视、与一条线相关，或是借助一些中间体相连，比如一个中间点、一条道路或一个小区域。这些连接加深了单个区域的特征，并共同组成了更大的城市区域。

空间区域和空间节点（比如一个广场）是不同的，只能通过一个相当长的旅程，体验其有秩序的空间交换。民居和公园等都是乡村聚落的重要区域。

3.5.2 民 居

民居是村落中占地面积最大的部分之一，是乡村聚落中最主要的区域之一。福建乡村的民居大概可分为以下几种。

3.5.2.1 土 楼

土楼是福建省最有名的民居，分布在客家人居住的闽西南，主要包括圆土楼和方土楼（图3-4）。

图3-4 南靖县书洋镇上坂村民居——田螺坑土楼群

（图片来源：林方喜摄）

3.5.2.2 土 堡

土堡是与土楼相似的一种大型防御性民居，主要分布在闽中地区，与土楼的主要区别是其墙壁非承重墙。土楼兼顾安居与防御，土堡则侧重于防御（图3-5）。

图3-5 大田县桃源镇东坂村土堡——安良堡
（图片来源：陈阳摄）

3.5.2.3 土 屋

土屋是闽东北一带常见的民居，准确地说是一种土木结构的民居。这种民居建筑形制大多数为一进院落，少数为二进院落，外围护墙为夯土墙，内部为木结构（图3-6）。

3.5.2.4 红砖厝

以色彩鲜艳和燕脊飞扬让人印象深刻的闽南民居，比土楼与土堡更讲究营造的标准化，但在细节应用上，却远远比前两者灵活，这是福建民居中的贵族，每座红砖厝都像微型皇宫（图3-7）。

图 3-6　屏南县棠口乡孔源村民居——土屋
（图片来源：林方喜摄）

图 3-7　漳州市芗城区天宝镇洪坑村红砖厝
（图片来源：林方喜摄）

3.5.2.5 青砖厝

青砖厝墙基大部分用石头砌筑，墙基以上全部由青砖砌成，古朴厚重，与红砖厝相比显得低调，青砖厝在福建中北部较多（图3-8）。

图3-8 霞浦县盐田乡上村村青砖厝

（图片来源：林方喜摄）

3.5.2.6 石头厝

石头厝墙是用石头砌筑的，很有利于抗风，这是一种实用性的民居，福建沿海地区出现这样的民居一点也不奇怪，红砖厝中的一些华丽装饰几乎全被抛弃了（图3-9）。

图 3-9 霞浦县三沙镇花竹村石头厝

（图片来源：林方喜摄）

3.5.2.7 木构民居

由于木构民居的主体是木作，它主要分布在福建中北部地区，似乎和土堡存在密切的关系，许多土堡的内部结构，其实就是木构民居，有的甚至直接将木构民居围在中心。

由于福建中北部地区气候温暖湿润，森林覆盖率高，竹木资源丰富，其中杉、松、毛竹都是当地木构民居的主力建材。杉木大量用于柱、梁和檩条等受力构件以及吊顶、板墙和门窗等小木作（图 3-10）。

3.5.3 公 园

小梨洋村位于宁德市屏南县甘棠乡，村庄坐北朝南、背倚绵延青山，地处一条小溪谷边，是省级传统古村落，清代戍台名将甘国宝出生地，历史悠久，具有浓厚的文化积淀，先后出过二位进士和三位举人。乡村公园与周围民居、山林融为一体，成为小梨洋村的一个开放空间，为村民休闲提供了场所（图 3-11）。

图 3-10　连江县小沧乡的木构民居
（图片来源：林方喜摄）

图 3-11　小梨洋村公园
（图片来源：林方喜摄）

3.5.4 池 塘

涌山村位于宁德市霞浦县松城街道,村前有一个约 4 000m^2 的大池塘,池水长年不枯,池中荷花繁茂,并建有亭子和栈道,这个池塘已经变成了一个湿地公园。整个村庄房屋围绕池塘呈弧形展开,村落后山森林茂密。池塘这个巨大的开放空间,使得整个村子既围合又开敞,令人倍感舒适(图 3-12)。

图 3-12 涌山村池塘
(图片来源:林方喜摄)

3.6 聚落节点

3.6.1 节点形态(凯文·林奇,2017)

节点是人们往来行程的集中焦点。它们首先是连接点,交通线路中的休息站,道路的交叉或汇聚点，从一种结构向另一种结构的转换处，也可能只是简单的聚集点，由于是某些功能或物质特征的浓缩而显得十分重要，比如街角的集散地或是一个围合的广场。某些集中节点成为一个区域的中心和缩影，其影响由此向外辐射，它们因此成为区域的象征，被称为核心。当然许多节点具有连接和集中两种特征，节点与道路的概念相互关联，因为典型的连接就是指道路的汇聚和行程中的事件。节点同样也与区域的概念相关，因为典型的核心是区域的集中焦点和集结的中心。无论如何，在每个意象中几乎都能找到一些节点，它们有时甚至可能成为占主导地位的特征。

认知节点的首要条件，是通过其墙体、地面、细部、光照、植被、地形，或是天际线形成的唯一或连续的特征，最终获得节点的身份特征。这类元素的重要性在于它是一个独特难忘的"场所"，不会与别的地方发生混淆。

如果节点存在一个鲜明、围合的界限，每个边的意象并没有无缘由地减弱，其界定就更加清晰；如果其中有一两个物体又成为视线的焦点，节点就会更加引人注目；如果它又能够具有连贯的空间形态，那么一定会耀眼夺目。这就是经典的静态室外空间构成原理，表达或定义这样一个空间的手法很多，比如通透、重叠、调光、透视、表面倾斜、围合、清晰度、运动形态、音响等。

交通中的停顿或是行进中的抉择点，如果正好位于某个节点处，那么这个节点就会受到更多的关注。道路和节点的连接必须明显且富有表现力，就像是在道路交叉口，旅行者必须能够看得见自己是如何进入节点，在何处停留，以及如何走出节点。

如果这些汇聚节点的存在，以某种方式成为环境中的标志，那么它就能够通过辐射把四周很大的地区组织在一起。功能或其他特征的渐变，偶尔能够从外部看到节点，以及节点内高耸的标志物，这些都可以把人们一直引入节点。节点可能会发出有特色的光线或声音，或者在周围通过反映节点特征的象征性细节暗示它的存在。地区内的几棵梧桐树，可能显示就要接近一个遍植梧桐的广场，鹅卵石的人行道将人们引入一块鹅卵石铺砌的场地。

如果节点自身内部就具备局部的方向性，"上下""左右"或是"前后"，那它就能与更大范围的方位系统产生联系。当明确的路途径一个清晰的节点时，道路与节点就形成了联系。村口、路口和广场是乡村聚落的重要节点。

3.6.2 村　口

村口是村落内部环境和外部环境的过渡和连接的空间，是人流和物流的必经之处，是村落的重要节点之一。村口通常有大门、景观石、古树和拱桥等景观元素，有的村子还建有亭子和长廊，为村民互动交流和休息提供场所（图3-13）。

图 3-13　霞浦县松城街道涌山村村口
（图片来源：林方喜摄）

3.6.3 路　口

街巷路口也是村落的重要节点之一。村落道路交叉的形态直接反映了界面围合形态，即空间特征，路口类型的丰富程度直接反映出空间变化的丰富度（丁沃沃等，2013）。减少正交路口，增加非正交路口，在路口适当增加小广场或小绿地，以丰富乡村聚落空间，使路口也能成为村民休息和互动的场所（图3-14）。

图3-14　政和县石屯镇石圳村的三叉路口
（图片来源：林方喜摄）

3.6.4 广　场

位于松溪县河东乡岩后村的直垄自然村，在村中有一个较大的广场。广场由房屋、山坡和小溪围合而成，与周围环境融为一体，形成了一个位置适中、尺度宜人、形状自然的多功能开放空间。广场为混凝土铺地，既是晒谷场和停车场，又是村民户外活动的中心（图 3-15）。

图 3-15 直垄村广场
（图片来源：林方喜摄）

3.7 聚落地标

3.7.1 地标形态（凯文·林奇，2017）

地标是另一类型的点状参照物。地标通常是一个定义简单的有形物体，比如建筑、标志、店铺或山峦，也就是在许多可能元素中挑选出一个突出元素。有些地标距离甚远，通常从不同的方位，越过一些低矮建筑物的顶部，从很远处都能看得见，形成一个环状区域内的参照物。其他的地标主要是地域性的，只能在有限的范围、特定的道路上才能看到。

一个充满活力的地标的基本特征就是其惟一性，即它与周边的关系、与背景形成的对比，例如低矮屋面映衬的高塔。

地标并不一定体量巨大。如果又大又高，在空间布局时一定要让人能够看得见；如果体量小，则应该在一个特定的范围内，能够比其他事物，诸如地面、视线周围或稍低一点的立面，吸引更多的注意力。交通中的任何停顿，节点或抉择点，都能给人留下更深刻的印象。在路途抉择点处的一栋普通建筑，人们可以记得很清楚；而沿着道路一晃而过的建筑即使出众，也有可能模糊不清。如果地标在一定的时间和空间范围内可见，尤其在不同的角度景象不同时，它产生的意象就会更强烈。

地标如果恰巧集中了一系列的联系，其意象的强度会因此提高。比如一个独特的建筑正好是某历史事件的发生地，那它们绝对会成为地标。某个事物一旦出名，就连其名称都会对意象产生作用。事实上，如果我们想使周围的环境丰富多彩，就有必要创造这一类的巧合联系与可意象性。

单个的地标除非占据优势地位，不太可能独立成为强大的参照物，识别它需要不间断的关注。如果地标聚集在一起，相互之间的强化，肯定超出简单的累加。廊桥和古树是许多乡村重要的地标。

3.7.2 廊 桥

廊桥以梁木穿插别压形成拱桥，形似彩虹，是中国传统木构桥梁中技术含量最高的一个品类，北宋名画《清明上河图》中那座横跨汴水的虹桥就是木拱廊桥的典型代表。闽东的木拱廊桥，以其悠久的历史，精湛的技艺，在中国桥梁史上占据着重要的地位。有些廊桥在材料和造型等方面有所变化。

廊桥往往立于村口，飞架小溪之上，刚好位于乡村最重要的景观节点，是乡村中独特的景观要素，具有围合空间、沟通两岸、休闲眺望、独立成景的功能。

3.7.2.1 鸾峰桥

鸾峰桥地处寿宁县下党乡下党村，也称下党桥，建造于清嘉庆五年，1964 年进行了修缮，是寿宁县最壮观的木拱廊桥之一。鸾峰桥坐落于下党村口，一座造型古朴的木制廊桥飞架于两山之间，两岸是山岭陡峭，茂林修竹，桥下溪水清澈，缓缓流淌。北面桥堍建在岩石上，南面桥堍用块石砌筑，长 47.6m，宽 4.9m，孔跨 37.6m，南北走向，17 开间，72 柱。鸾峰桥是下党村聚落景观的重要组成部分，它与周围的青山绿水完美融合，相映生辉，成为下党村最富吸引力的景点之一（图 3-16）。

图 3-16　鸾峰桥

（图片来源：林方喜摄）

3.7.2.2　万安桥

万安桥位于屏南县长桥镇长桥村，是现存全国最长的木拱廊桥，始建于北宋，历经多次毁坏和重建，1954 年再度重建。桥长 98.2m，宽 4.7m，桥面至水面高度 8.5m，五墩六孔，船形墩，不等跨，最短拱跨为 10.6m，最长拱跨为 15.2m。桥堍、桥墩均用块石砌筑，桥屋建 37 开间 152 柱，九檩穿斗式构架，上覆双坡顶，两侧设木凳，桥面以杉木板铺设。桥西北端有石阶 36 级，桥东南端有石阶 10 级。遥望该桥形似长虹卧波，非常壮观（图 3-17）。

图 3-17　万安桥

（图片来源：林方喜摄）

3.7.2.3　千乘桥

千乘桥位于屏南县棠口乡棠口村，是屏南境内第二长木拱廊桥。千乘桥始建于南宋理宗年间，桥长 62.7m，宽 4.9m，桥面至水面高度 9.7m，一墩二孔，单孔跨度 27m，桥堍和桥墩以块石砌筑，墩船形，墩尖雕成鸡啄形状。桥屋建 24 开间 99 柱，九檩穿斗式构架，悬山飞檐翘角顶，桥面以木板铺设。千乘桥造型别致典雅，雄伟壮观，两岸风景秀丽（图 3-18）。

图 3-18　千乘桥

（图片来源：林方喜摄）

3.7.2.4　龙凤桥

　　龙凤桥位于沙县夏茂镇俞邦村，它不是木拱廊桥，是一座土木结构的现代廊桥。俞邦村历史悠久，人杰地灵，系唐朝大臣俞文俊后裔，始建于公元 680 年，宋朝时，在村里出了户部尚书俞肇。俞邦村依山傍水，树木繁茂，地势平坦，物产丰富，素有闽西北粮仓之称，小吃文化源远流长，俞邦村民率先走出大山，把沙县小吃带到全国各地，被誉为"沙县小吃第一村"。2013 年，俞邦村借着美丽乡村建设的东风，筹集资金将原来简易的三板桥，加固建成了现在的龙凤桥。龙凤桥地处村口，飞架于龙凤溪上，这座明清风格的廊桥不仅是村民休闲的好去处，而且已成为俞邦村一道亮丽的风景（图 3-19）。

图 3-19　龙凤桥
（图片来源：林方喜摄）

3.7.2.5　直垄村廊桥

　　直垄村廊桥位于松溪县河东乡岩后村直垄自然村，是一座石拱廊桥，它飞架于村口小溪之上，对乡村的空间起到了很好的围合作用，成为直垄村一个新地标（图 3-20）。

3.7.2.6　聚福桥

　　聚福桥位于屏南县甘棠乡小梨洋村。小梨洋村具有丰厚的历史文化底蕴，已有400多年历史，不仅是清代戍台名将甘国宝的出生地，还先后出过2位进士、3位举人。这里绵延的青山、潺潺的流水、幽深的巷道和古朴的民居构成了一幅传统农耕生活画卷。聚福桥是一座石拱廊桥，它飞架于村口的小溪之上，与桥头的魁星阁连成一体，不仅围合了空间，而且成了一个最有吸引力的乡村景观（图 3-21）。

图 3-20　直垄村廊桥
（图片来源：林方喜摄）

图 3-21　聚福桥
（图片来源：林方喜摄）

3.7.3 古 树

3.7.3.1 樟 树

在福建的一些村庄，最吸引人的是村中的大樟树。这些大樟树在村民心中极为神圣，已成为乡村民间信仰和家园认同的载体。它巨大的树冠创造出一片怡人的林下空间，为村民提供了一个遮挡烈日的场地，同时也成为村民社会交往的公共空间（图3-22）。

图3-22 南平市延平区峡阳镇杜溪村的千年古樟
（图片来源：林方喜摄）

3.7.3.2 榕 树

在福建的许多村庄都有一株大榕树（图3-23）。大榕树一般矗立在村口，枝繁叶茂，高入云天，遮天盖地，树荫下的空地是村民纳凉、休息、交流和娱乐的场所。

图 3-23 罗源县起步镇上长治村的大榕树
（图片来源：张燕青摄）

4

色彩景观

4.1 乡村色彩

色彩是光从物体反射到人的眼睛所引起的一种视觉心理感受。色彩按字面含义理解可分为色和彩，所谓色是指人对进入眼睛的光并传至大脑时所产生的感觉，彩则指多色的意思，是人对光变化的理解。

色彩是能引起我们共同的审美愉悦的、最为敏感的形式要素，色彩也是最有表现力的要素之一，因为它的性质直接影响人们的感情。丰富多样的色彩可以分成无彩色系和有彩色系两个大类，有彩色系的色彩具有 3 个基本特性：色相、明度、纯度，在色彩学上也称为色彩的三大要素或色彩的三属性，饱和度为 0 的颜色为无彩色系。

色相是指色彩的相貌，是色彩最显著的特征，是不同波长的色彩被感觉的结果。光谱上的红、橙、黄、绿、青、蓝、紫就是七种不同的基本色相。明度是指色彩的明暗、深浅程度的差别，它取决于反射光的强弱，它包括两个含义：一是指一种颜色本身的明与暗，二是指不同色相之间存在着明与暗的差别。纯度也称艳度、彩度、浓度、饱和度，是指色彩的纯净程度，通俗地讲，就是颜色的鲜艳程度。

近年来，我国对城市色彩规划方面的研究已越来越引起人们的关注。针对城市中心城区色彩规划、城市道路色彩规划、大学校园色彩规划、中大型公共建筑色彩规划等方面的研究也越来越多，但目前国内对乡村地区的色彩规划研究还很少，乡村色彩规划还是一个全新的课题。乡村规划不仅要打造乡村的功能性，更要打造村民认同的美丽家园。建筑、田野和森林等这些构成乡村景观的要素都是色彩规划的关键所在。

色彩景观是乡村最具视觉冲击力的景观，只有综合考虑、科学规划才能形成和谐的乡村色彩景观，才能创造出居民引以为傲的优美环境和富有特色的魅力乡村。

4.2 乡村建筑色彩

4.2.1 欧洲小镇建筑色彩

4.2.1.1 圣托里尼

圣托里尼（Santorini）位于希腊大陆东南 200km 的爱琴海上，是爱琴海最璀璨的一颗明珠，这里有绵延的海滩，有一望无际的蓝天，有清澈透明的海水，有世界上最美的日落，这里蓝白相间的色彩是摄影家的天堂，蓝是指这里湛蓝的大海、蔚蓝的天空和蓝色的屋顶，白是指这里圣洁的白色建筑墙面。人们会被蓝色与白色的极致搭配所震撼，蓝白是其最显著的视觉符号（图4-1）。

图4-1 圣托里尼蓝顶教堂
（图片来源：鲜国建摄）

4.2.1.2 克鲁姆洛夫

克鲁姆洛夫（Cesky Krumlov）坐落于捷克南部的波希米亚地区，被誉为世界上最美丽的小镇。位于伏尔塔瓦河的上游，距捷克首都布拉格约160km，在13世纪时由于其处于一条重要的贸易通道上而逐渐繁盛。大部分建筑建于14—17世纪，多为哥特式和巴洛克式风格，整个小镇被蜿蜒的伏尔塔瓦河环抱着。登高远眺，以城堡为中心的中世纪小镇景色令人惊叹，1992年被联合国教科文组织列为世界文化和自然遗产。

伏尔塔瓦河正好在这里形成一个马蹄湾，碧绿的河水如同丝带缠绕着古城，河岸四周的房屋，一律用橙色的屋瓦，屋顶曲线轻轻舒展，错落有致，中间便是高耸的教堂。蓝天、白云、绿地、小河、橙色的屋顶、以黄色和白色为主的多彩墙壁，构成一幅色彩斑斓的风景画，让人有一种恍若隔世的感觉。

4.2.1.3　阿尔贝罗贝洛

　　阿尔贝罗贝洛（Alberobello）位于意大利南部城市巴里的东南角，小镇保存了许多斗笠圆顶的石屋，这些造型奇特的建筑世界闻名，1996 年被联合国教科文组织列为世界文化遗产。阿尔贝罗贝洛在意大利语里是"美丽的树"的意思，因此也有人称阿尔贝罗贝洛为丽树镇。几百年前这里是自然条件极其恶劣的不毛之地，16 世纪开始，越来越多躲避天灾人祸的难民逃到这里，就地取材用石灰岩开始建造房屋，就是现在看到的带有斗笠圆顶的石屋。这种建筑墙壁用石灰涂成白色，屋顶则用灰色的扁平石块堆成圆锥形。

　　阿尔贝罗贝洛这座宁静的小镇有着奇特的建筑和纯朴的民风，蓝天绿树白墙灰瓦圆顶屋，一切犹如童话国度，让人过目不忘。

4.2.1.4　科尔马

　　科尔马（Colmar）是法国东北部阿尔萨斯的一个小镇，位于莱茵河支流伊尔河以西，孚日山以东，地处平原，有铁路经过，运河向东连接莱茵河。科尔马仍然保留着 16 世纪的建筑风格——木筋屋，这种房屋拥有色彩缤纷的几何形外墙，彩色外墙上布满木筋条纹。一座座彩色的木屋和艳丽的鲜花，散发出甜美又温馨的气息，使小城充满着浓郁的阿尔萨斯风情，可以说科尔马是阿尔萨斯的缩影和欧洲最浪漫的小镇之一（图 4-2）。

图 4-2　科尔马小镇一角
（图片来源：陈艺荃摄）

4.2.1.5 哈尔施塔特

哈尔施塔特位于奥地利上奥地利州的哈尔施塔特湖畔，是奥地利境内的古老小镇，距今已有 4 500 多年历史。翡翠般的湖泊，多彩的房屋，缤纷的红叶和蔚蓝的天空构成了一幅色彩斑斓的画卷，宁静美好，恰似人间仙境（图 4-3）。

图 4-3 哈尔施塔特小镇景色
（图片来源：宋经摄）

4.2.2 福建乡村建筑色彩

4.2.2.1 红墙红瓦

漳州寮村位于南安市官桥镇，距泉州市区 20km，远远望去，只见建筑的墙壁、屋顶和地面都透着红色，布局严整，规模宏大（图 4-4）。

图 4-4　漳州寮村民居外墙和屋顶色彩

（图片来源：林方喜摄）

　　闽南建筑，红砖红瓦，白色石基，中间凹陷两端微翘的燕尾脊，精美的石雕木雕装饰，艳丽恢弘，外观尽显建筑之张扬，而内在则质朴端庄。从审美的角度看，闽南的红砖墙反映其地域的风格特性，形成了所谓的闽南风格，这种风格的形成是有多方面的因素，虽然现在已无法追溯其产生的渊源，但从整个中国建筑史看，闽南古厝特别是砖石混砌、墙面装饰以及色彩纹样在中国建筑史上有其独特之处，有学者认为这个区域的民居属于"红砖文化区"（靳凤华，2006）。

　　早在宋代，这种红砖红瓦建筑已经在闽南地区开始推广和建造。红色的建材是专用于皇家宫殿、庙宇及帝王宗祠这一类建筑，被称为宫廷色，本为庶民不许，却在闽南民间大量使用，可能与闽南人长期从事海外贸易，民间积累了巨大财富以及炫奇斗富和讲求排场的乡风有关，此外，由于福建沿海地区自古以来都是山高皇帝远，加上闽南人敢为天下先的特性，使得外形富丽堂皇，违禁的红色建筑在闽南一带悄然风行。这种建筑大量使用红砖红瓦，广泛应用白色花岗岩做台基阶石，屋顶多为两端微翘的燕尾脊，壁、廊和脊等细部装饰十分精致，不仅外观独特，而且在装饰与色彩纹样等方面都与其他区域的建筑截然不同，汲取了中国传统文化、闽越文化和海洋文化的精华，成为闽南文化的重要载体。

4.2.2.2　粉墙黛瓦

万安村位于将乐县万安镇，距县城32km。村子地处平坦的山间盆地，四周山坡森林茂密，省道下甘线从村中通过，安福口溪流经村域。万安村新建的房屋粉墙黛瓦，建筑色彩与周边环境非常协调，形成了令人舒适的乡村景观（图4-5）。

图4-5　万安村民居外墙和屋顶色彩
（图片来源：林方喜摄）

粉墙黛瓦指雪白的墙壁，黛蓝的屋顶，"粉"不是指"粉红"，是白色的意思。粉墙最大的用途是防潮，长江中下游地区河网密布，水源充足，湿气很大，粉墙的白灰能吸湿气，经常看到粉墙的白灰往下脱落，就是吸潮后与墙体分离了。粉墙对于江南是一种特殊的文化体现，江南园林甲天下，粉墙在其中功不可没。

闽西北的将乐县地处武夷山脉东南麓，境内山峰林立，林木葱郁，溪流密布，碧波荡漾，生态环境优美。在将乐县的许多乡村，这种粉墙黛瓦的建筑比较普遍，黑白辉映、错落有致，在山水之间尤显宁静秀美。粉墙黛瓦建筑不仅适合小桥流水的江南水乡，而且跟闽西北的青山绿水也是绝配，可以凸显出淡、素、雅的个性和气质，赋予乡村独特的魅力。

4.2.2.3　黄墙黑瓦

图4-6　龙潭村古民居外墙和屋顶色彩
（图片来源：黄德勇）

龙潭村位于宁德市屏南县熙岭乡，地处屏南县东部，龙潭村四面环山，一条小溪从村中流过，溪水清澈见底。村中有一座建于明代的古老石拱桥，清朝年间在桥面上又建了桥厝，一条乡村公路跨越小溪从村庄中心通过。黄墙黑瓦是龙潭村民居的主要特征，房屋外墙是黄色的土墙，屋顶用黑瓦覆盖，这也是一种典型的生土建筑（图4-6）。

生土建筑主要是指用未焙烧而仅做简单加工的原状土为材料营造主体结构的建筑，生土建筑也称夯土建筑，自古有之，源远流长。早在远古时期，人们就把夯土技术成功应用在了民居墙体、城墙和军事防御的堡垒等领域，比如客家土楼。生土建筑是人类从原始进入文明的最具有代表性的特征之一，是中华民族历史文明的佐证与瑰宝，也是祖先留给我们丰富遗产中一个重要的内容。

龙潭村海拔700m左右，土壤类型以黄壤为主，以黄壤为材料的夯土墙色彩就显出鲜亮的黄色，很有美感。黄壤是中亚热带湿润地区发育的富含水合氧化铁的黄色土壤。垂直分布的下限变幅很大，低者在500m左右，高者可移至1800m。

黄墙黑瓦的民居在闽东北的高海拔山区较普遍，龙潭村是一个比较典型的代表。黄墙黑瓦的质朴色彩透出的是浓浓的乡愁，这种建筑是当地人类活动的产物和人类文明的符号，具有较高的美学价值，是一种独具地域特色的乡村景观，应该加以适当的保护，让更多的人认识它的价值。

4.2.2.4　青墙黑瓦

半月里村位于闽东的霞浦县溪南镇，是畲族聚居的村庄，这里山清水秀，人文景观丰富独特，至今仍保存多座完好的古宅，有近300年历史的龙溪宫、雷世儒大厝、雷位进故居、雷志茂故居、秀才院和雷氏宗祠。建筑的墙体和屋顶分别以青砖和黑瓦材料，几十座青砖黑瓦的清代建筑，在闽东山区不多见，由此可见当年半月里的富庶和繁华。石垒的寨门、卵石的巷道、低矮的石墙、青砖黑瓦的建筑和山清水秀的环境构成了宁静优美的乡村景致（图4-7）。

图4-7　半月里村古民居外墙和屋顶色彩
（图片来源：林方喜摄）

青砖黑瓦的建筑虽不如粉墙黛瓦的轻灵，但也给人稳重厚实的印象，青砖黑瓦有一种素雅、古朴和宁静的美感。

4.2.2.5　黄墙红瓦

位于闽西北沙县夏茂镇的俞邦村，依山傍水，临溪而居，村前的荷花田紧紧簇拥着黄墙红瓦的崭新民居。黄墙红瓦的民居、清澈见底的水系和青翠欲滴的山林，构成了一幅多彩和谐的乡村美景。黄墙红瓦具有独特的韵味，是粉墙黛瓦之外，闽西北地区另一个很好的乡村建筑色彩组合（图4-8）。

图 4-8　俞邦村民居外墙和屋顶色彩
（图片来源：林方喜摄）

4.2.2.6　白墙红瓦的蚵壳厝

蟳埔村位于泉州市丰泽区东海街道，是著名的渔村和历史文化名村，最能代表蟳埔特色之一是蚵壳厝。

蟳埔村蚵壳厝始建于宋末元初，以蚵壳和砖石砌成的墙是其主要特色。那一片片的蚵壳如片片鱼鳞，十分美观。大面积的灰白色蚵壳与灰色花岗石、红砖和红瓦构成一幅色彩对比强烈、富有美感的图案。蟳埔村位于晋江的入海口，海中的牡蛎，肉质美味，壳则可充当建筑材料。牡蛎在当地称"蚵"，用它建造的房屋被称为"蚵壳厝"。

蚵壳厝具有浓厚的民俗气息、丰富的美学和工艺学知识。闽南沿海一带的海风带有盐分，红砖易受腐蚀，而蚵壳墙体不易腐蚀，也不会渗水，冬暖夏凉，隔音效果好，适合海边潮湿气候环境，而且蚵壳厝的墙体十分坚固、素有"千年砖、万年蚵"的美誉（图 4-9）。

图4-9 蟳埔村特色民居外墙和屋顶色彩

（图片来源：林方喜摄）

4.3 乡村其他色彩

4.3.1 乡村服饰色彩

4.3.1.1 惠女服饰

惠女（惠安女）是指惠安县惠东半岛海边一群特殊风情的女人，惠女素以吃苦耐劳、勤俭持家名闻遐迩，更以其奇异的服饰蜚声海内外。她们主要聚居在惠安县东部沿海的崇武、山霞、净峰和小岞一带。惠女虽属汉族，但其服饰素以奇特著称，与传统汉族服饰迥然不同。惠女头披花头巾、戴金色斗笠，上穿湖蓝色斜襟短衫，下着宽大黑裤。花头巾可御风沙，黄斗笠可顶炎日，短衫便于挑石和补网等劳作，又可避免劳作时弄脏衣沿衣袖，宽裤便于涉海，打湿易干。惠女服饰各部分之间在色彩、款式、线条、图案等方面的配合相当协调且恰如其分，既有传统韵味，又具时尚感，独具一格，引人注目，具有很强的色彩感染力，是中华民族服饰中一朵瑰丽的奇葩（图4-10）。

图4-10　惠女服饰
（图片来源：宋经摄）

4.3.1.2　畲族服饰

　　畲族是我国人口比较少的一个民族，主要分布在福建、浙江、江西和安徽等省山区，南宋末年，史书上开始出现"畲民"和"拳民"的族称。1956年国务院正式公布确认畲族是一个具有自己特点的少数民族。

图4-11　畲族服饰
（图片来源：林方喜摄）

　　畲族虽然长期与汉族交错杂居，但畲族服饰却有着自己的民族文化特色，传统的畲族服饰可谓斑斓绚丽，丰富多彩（图4-11）。畲族妇女服饰以象征万事如意的"凤凰装"最具特色，即在服饰和围裙上刺绣着各种彩色花纹，镶金丝银线，高高盘起的头髻扎着红头绳，全身佩挂叮当作响的银器。畲族妇女服饰各地略有差别，但其共同特点是上衣多刺绣，尤其是福建福鼎和霞浦的女上装，在衣领、大襟、袖口上都有各色刺绣花纹图案和花鸟龙凤图案。

4.3.2 乡村农田色彩

4.3.2.1 油菜花田

坪盘村位于福建莆田市涵江区白沙镇，村庄海拔约400m，距镇所在地有15km，与常太镇、西天尾镇、庄边镇接壤，四周群山包围，中间地势平坦，是一个山间盆地。近年来，因美丽的油菜花，让越来越多的人认识到这个乡村。坪盘村新建的住宅，造型简朴明快、小巧玲珑，独具乡土气息和地方特色，与油菜花花田景观相映成趣，独具魅力。

金灿灿的油菜花田是坪盘村春天最亮丽的色彩，黄色的花田、湛蓝的天空、翠绿的群山和粉墙黛瓦的建筑构成了丰富色彩组合，吸引了无数的游客前往观光休闲。

4.3.2.2 紫云英花田

坪寨村位于尤溪县梅仙镇东部，与镇政府隔河相望，距镇区所在地2km，南邻梅营村，北接源湖村。坪寨村有150年历史的大福圳古民居，该建筑群体量大，是仅次于闽清县宏琳厝的福建省第二大单体古民居。大福圳古民居由内外院、角楼、工匠厂等组成，集居住和防御于一体，是保存较为完好的清代古民居。

大福圳古民居外的田野里种着大片的紫云英，一到春天紫云英在暖阳里盛开，相当美丽。紫云英花田为坪寨村的春天增添了一道亮丽的色彩，紫色的花田和历经沧桑的古民居构成了色彩对比，形成了具有地域特色的乡村景观。

4.3.3 乡村林地色彩

善邻村龙门场古银杏林位于尤溪县中仙乡善邻村，距尤溪县城57km，距中仙乡政府9.8km，这里是福建省最大的古银杏群。龙门场的古银杏林树龄已达700多年，有296棵古银杏树，这些古银杏树平均胸径50cm，最大达160cm。秋末冬初，整片银杏林宛如披上黄金甲，像小扇子似的黄叶挂满枝头，冬日的暖阳穿透叶面，满树的叶子一片金黄，晶莹剔透，寒风一吹，树上的银杏随风飘落，将地面铺满，就像是金黄色的地毯，令人陶醉。

在龙门场翠绿山林的映衬下，银杏林那一抹金黄色格外醒目，主导了龙门场秋冬季的色彩。银杏树已成为许多乡村色彩景观营造最常用的植物之一（图4-12）。

图 4-12　龙门场古银杏林

（图片来源：林盛洪摄）

4.4　乡村色彩景观营造

乡村环境色彩设计是一个全新的领域，它针对乡村景观中所有要素的色彩进行设计，以营造充满个性而又舒适宜人的乡村景观。

近年来，色彩设计已逐渐由服装等商品向城乡环境渗透，人们越来越关心环境色彩设计的地域差别，也更期待色彩能在地域环境的形成上起到重要作用。

环境色彩逐渐成为乡村建设中的一个重大问题。乡村建设不再是简单地打造乡村的功能，更要打造被大众认同的魅力乡村。其中建筑、农田和林地等构成乡村景观的要素，都应成为乡村色彩营造的关键所在。

4.4.1　蒙塞尔色彩系统（吉田慎吾，2011）

蒙塞尔色彩系统是美国画家兼教师蒙塞尔（Munsell A H）首创，于 1905 年发表的色彩表示体系。

蒙塞尔通过色票集将他的想法具体化。1929 年首次发行的 *Munsell Book of Color*，经美国光学会测色委员会科学研究后，于 1942 年修改后再次发表，也就是现在的蒙塞尔色彩系统。在蒙塞尔色彩系统中，用色相、明度、艳度（纯度）各自独立的三个属性来共同表示一个色彩。蒙塞尔色彩系统将人们对色彩逐渐变化的感觉尺度化，通过蒙赛尔数值可以非常精确方便地类推出相应的色彩。

色相是指能够比较确切地表示某种颜色面貌印象的名称。红（R）、黄（Y）、绿（G）、蓝（B）、紫（P）5 个基本色和夹在它们中间的黄红（YR）、黄绿（YG）、蓝绿（BG）、蓝紫（PB）、红紫（RP）共 10 个色相。再将这 10 个色相每个相邻两个色相进行四等分，共计 40 个色相。明度是用来表示色彩明暗程度的概念。从完全吸收光的理想的绝对黑色（明度为 0）到完全反射的理想的绝对白色（明度为 10）按明暗变化等阶排列。艳度是用来表示色彩鲜艳程度的概念，颜色越鲜艳，艳度越高。

4.4.2　色彩景观营造步骤（吉田慎吾，2011）

色彩景观的营造大体上可以分成 3 个阶段。第一阶段，色彩景观营造的内容一定要让更多人知晓，同时开展各种活动，让更多人掌握环境色彩设计手法，同时充分发挥主观能动性，努力实现高品质色彩景观的构建。第二阶段，以印象简单平稳的色彩作为引导，建立色彩景观的形成基础。与积极的创造地域特色色彩景观相比，排除干扰形成良好色彩景观的不良因素更为重要，以此完善地域色彩景观。第三阶段，为创造高品质的地域景观，一定要事先做好缜密的、细致的、全方位的调查和研究工作，并以此为基础创建色彩景观。同时一定要清楚地掌握地域原有的色彩风格，与当地居民共同研究，制定出今后色彩规划设计工作的正确方向。而对于存在历史比较短的一些新建地区，它的景观营造首先需要制定出适合今后区域发展的方向，为实现这样的目标要选定出相应的色彩范围。

上面所讲到的 3 个阶段根据各地对色彩景观形成认知度的不同应该加以区别使用。首先要了解色彩对于景观的重要性，然后制定色彩景观的规划控制基准，接着强化地域特色色彩景观的设计与营造。另外，要让更多人知道色彩是可以通过数值化来进行科学测量与定位的，因此也要尽可能地通过客观、理性地选取色彩来创造迷人的景观环境。

4.4.3　色彩景观营造方法

4.4.3.1　建筑色彩景观营造（吉田慎吾，2011）

建筑作为乡村景观的重要元素，它的色彩与整体景观的质量有着密不可分的联系。

为了营造富有个性的地域景观，乡村建筑色彩要避免使用与当地的建筑惯用色相相差甚远的色彩，并坚持人造景观与自然景观相协调的主导原则。在乡村建筑色彩规划实践中，应当将扰乱景观的一些不良色彩因素排除出去，以达到色彩控制的目的，同时也应当积极地应用具有地域个性特征的色彩。

色彩明度虽然度景观也有一定影响，但是其影响的方法和程度却非常复杂，明度的高低并不直接反映景观的好与坏。色彩艳度越高，就更容易从周边环境中凸显出来，高艳度的色彩并不适合大面积应用在乡村建筑上，并不是说所有的乡村建筑都应该使用低艳度的色彩，但是高艳度的建筑对景观及其周边环境形成的危害却很严重。在许多乡村地区应该引导高艳度的建筑向有限的范围集中，以造就宁静统一和富于变化相融合的乡村景观。

在乡村色彩景观规划中，可将规划区域分为3类：一般规划区，重点规划区和特色规划区。一般规划区以塑造沉稳和谐的色彩景观为目标，区域内的建筑基本会采取与其周边环境相似的低艳度色彩。重点规划区以塑造积极热烈、富有活力的色彩景观为目标，为营造活泼明快的色彩景观，需要建立广泛的色彩选用范围。特色规划区以建造具有地域标志性特征的个性鲜明的色彩景观为目标，用色范围相对比较自由，主要倡导的是高品质的设计理念。

4.4.3.2　农田色彩景观营造

农田是乡村景观的重要的元素之一，它的色彩主导了整体乡村景观的色彩。农田景观主要以绿色为主，因此可以选择种植一些色彩鲜艳的作物，以丰富乡村色彩。农田这种半自然的景观，高艳度的农作物不仅不会对景观及其周边环境产生危害，而且会为乡村增添别样的魅力。油菜、紫云英、向日葵和薰衣草等都是农田色彩营造的优秀农作物品种，可以因地制宜，选择应用。

4.4.3.3　林地色彩景观营造

林地在许多地区是乡村景观的重要元素，它的色彩有时也主导了整体乡村景观的色彩。林地景观也是以绿色为主，因此可以选择种植一些色彩鲜艳的树木，改变林相。在林地这种自然或半自然的景观，彩叶树和开花鲜艳的树木会为乡村增添迷人的景致。银杏、红枫和樱花等都是林地色彩营造的优秀树种，可以选择种植在乡村聚落周边的林地中。

5

农业景观

5.1　农业景观特征

　　乡村的许多景观是由农业塑造的。农业景观是地球陆地表面最主要的景观类型之一，是由自然和人类经营斑块组成的复合镶嵌体（冯舒等，2015）。

　　农业景观作为地球上的一种景观形式，可以是一种客观的地物、地貌，一种空间，一种栖息地，也可以作为视觉审美的对象。农业景观一般指草地、耕地、林地、树篱及道路等多种景观斑块的镶嵌体，表现为物种生存于其中的各类破碎化栖息地的空间网格。广义的农业景观包括农田、果园及人工林地、牧场、水域和村庄等生态系统，以农业特征为主，是人类在自然景观基础上建立起来的文化景观。农业景观的构成既包括自然景观要素，也包括人文景观要素。自然景观要素由气候、地形地貌、土壤、水文和生物等组成，为农业人文景观的建立和发展提供各种基础条件，是构成农业人文景观的自然基底，人文景观要素可以分为物质要素与非物质要素两类（邱婷婷等，2015）。

　　农业景观除了具有一般景观意义上的自然美学价值、人文价值外，还有其特有的特征，即农业生产与科教价值。农业景观中农作物的生长形态、农田土地的肌理形态、清新自然的大气水文等自然资源构成美学价值；农业基础设施和农业生产工具等社会经济因素和技术条件构成其旅游的经济科教价值；传统农耕文化和农村生活习俗等构成其人文价值（邱婷婷等，2015）。

5.2　典型农业景观

5.2.1　农　田

稻作梯田

　　联合梯田位于尤溪县联合乡，涉及联合、联东、联南、联西、东边、云山、下云、连云 8 个行政村，面积达 1 万多亩，被誉为中国五大魅力梯田之一，是全球重要农业文化遗产。联合梯田开垦于唐开元时期，是中国历史上开凿最早的大型古梯田群之一。联合村民使用木犁和锄头等工具开垦梯田、种植水稻，在险峻的金鸡山中创造了神奇壮丽的梯田。

联合梯田通过山顶森林截留和储存天然降水，再从小溪流入村庄和梯田，形成特有的"森林—村落—梯田—水系"山地农业生态系统。梯田垂直落差达600m，绵延数十里，田在山中，群山环抱，村落散落其间，呈现出一幅人与自然和谐相处的美好景象（图5-1）。

图5-1 联合梯田
（图片来源：陈阳摄）

联合国粮食及农业组织将全球重要农业文化遗产定义为：农村与其所处环境长期协同进化和动态适应下所形成的独特的土地利用系统和农业景观，这种系统与景观具有丰富的生物多样性，而且可以满足当地社会经济与文化发展的需要，有利于促进区域可持续发展。

联合梯田经过数十代人的辛勤劳作和1 000多年的文化积淀，逐渐形成其特有的地域农耕文化，成为农业景观的杰出代表之一，这种景观不仅具有很高的历史文化价值，而且具有很高的生态和美学价值。

5.2.2　海　洋

5.2.2.1　霞浦滩涂

　　霞浦位于台湾海峡西岸，地处福建省东北部，陆地面积 1 489.6km²，海域面积 29 592.6km²，占全省海域面积的 21.76%，海洋渔场 28 897km²，浅海和滩涂 696km²，分别占全省的 30.17% 和 23.76%，是福建省海域最大、海岸线最长、浅海滩涂最广和岛屿最多的海洋资源大县，有着"中国最美丽的滩涂"美誉，是"中国海带之乡"和"中国紫菜之乡"。全县 14 个乡镇中有 10 个在沿海，有 126 个渔村，从事渔业人口 26 万人，占全县农业人口的 64%，海水养殖面积 31 万亩，产量超 30 万 t，产值 100 多亿元人民币。

　　霞浦 400 多千米长的海岸线逶迤多姿，104 万亩的滩涂流彩溢金。滩涂是霞浦人耕耘的田野，滩涂是霞浦人收获的希望。数不清的网帘，连同作为支柱的竹竿遍布滩涂，百万亩滩涂或养殖，或种植，万千竹竿、层层围网、紫菜海带、浮标小船，让滩涂生动起来，亮丽起来。滩涂上巧夺天工的点、线、面，无意中组成一幅幅海耕图画，或淡雅，或绚烂，曼妙绝伦，如诗如画，美得令人心醉，美得令人窒息（图 5-2）。

图 5-2　霞浦滩涂
（图片来源：林方喜摄）

霞浦滩涂是高经济价值和高美学价值完美结合的农业景观突出代表，这种稀缺的景观资源更需要精心保护和合理利用。

5.2.2.2　连江海上水产养殖景观

连江县是海洋大县，全县水产品总产量连续 30 多年居全国县级第二，全省第一。2018 年全县水产品总量 110.29 万吨，其中鲍鱼、海带、牡蛎、大黄鱼、海参等海水养殖总产量 71.99 万吨，可以说海水养殖产业和每一个连江人都息息相关，海上水产养殖景观在色彩和形状上都具有很高的美感，已成了一道亮丽的风景（图 5-3）。

图 5-3　连江县筱埕镇海上水产养殖景观
（图片来源：陈阳摄）

5.2.3　果　园

5.2.3.1　柚　园

高寨村位于平和县霞寨镇，距县城 15km，年平均气温 19°～21°，无霜期 310 天左右，年降水量 1 759mm 左右，全村有 9 个村小组 1 300 多人，山地面积 10 000 多亩，主要种植树木、竹林、蜜柚，其中蜜柚种植面积5 000多亩，村民多居住于海拔400~600m的半山腰上，村庄被柚海所环绕，形成了独特的农业景观。

高寨村比较平缓的山坡地形，崭新的民居建筑与大面积的蜜柚园形成了蔚为壮观的乡村景色，吸引人们去观光和体验农耕（图5-4）。

图5-4　高寨柚海
（图片来源：林方喜摄）

5.2.3.2　梨　园

枫元村位于福建省三明市建宁县溪口镇，山清水秀，空气清新，总面积15.2km²，距县城7km，全村年杂交水稻制种5 200亩，黄花梨产量达4 400t，是以生产杂交水稻种子、黄花梨等农产品为主的特色农业大村。枫元村当地村民在山坡上，村道两旁，房前屋后种植梨树，一簇簇一排排，每年春天，梨花千树雪，雪白的梨花点缀着美丽的乡村，形成独具魅力的农业景观，一拨拨游客徜徉在花的海洋里，流连忘返（图5-5）。

图 5-5　枫元村梨园

（图片来源：刘玲摄）

黄花梨是建宁县特色特产和中国国家地理标志产品。20世纪70年代初，黄花梨因其适应性广、丰产性好、抗逆性强和品质优良等特点被引种到建宁推广种植，这里已成为我国南方梨重点产区之一，被誉为"中国黄花梨之乡"。建宁的黄花梨果大心小、可食率达87%，单果重200g以上，最大的可达500g，果实呈圆锥形，表皮光滑呈黄褐色、耐贮性好，成熟期为7月下旬至8月上旬，是消暑的佳果。

建宁梨园不仅持续地产出优质的水果，而且变成了典型的乡村生产性景观，成为人们踏春赏花的好去处。

5.2.4　黄花菜园

高圳村位于建宁县溪口镇，距县城5km，那里有一个黄花菜种植基地。黄花菜，也叫金针菜，百合科多年生草本植物，花葶长短不一，花梗较短，花多朵，花被淡黄色。黄花菜一般采摘未开花的花蕾晒干，新鲜的黄花菜微毒，不宜多吃。一望无际的油菜花，满山遍野桃花和梨花，都是比较常见的农业景观，但是高圳村大片的黄花菜还真是稀缺的农业景观，黄花菜开花时，黄花漫野，如诗如画。

5.2.5　茶　园

5.2.5.1　樱花茶园

　　永福镇位于福建省漳平市，地处高山盆地，峰峦叠嶂，溪流密布，山清水秀，田园风光秀美，土地总面积 535.5km²，是一个以花卉、蔬菜和高山茶种植为主的农业大镇，是全国最大的高山乌龙茶生产基地，永福樱花茶园位于永福镇后盂村。在 2005 年前后，多家茶场在开发茶园时就分别套种了数千株樱花，用以改善茶园生态，如今盛开的樱花意外成为一道亮丽的风景。

　　茶园里种植了绯寒樱、八重樱、染井吉野、关山樱、普贤象、牡丹樱、福建山樱花等多达 42 个樱花品种，在 1 月下旬到 3 月中旬陆续开花，妩媚多姿，灿若云霞。翠绿的茶园、粉红的樱花、洁白的云朵和碧蓝的天空相映生辉，美不胜收，令人心醉。

　　永福樱花茶园以规模大、时令佳、景观美，迅速成为赏樱地的一处后起之秀，这个名气本不如无锡鼋头渚和武汉大学的赏樱地，却被称为中国最美樱花圣地，凸显了这种复合的农业景观的独特魅力。大面积的农业景观和特色鲜明的线性景观的组合在形式上富于变化，在色彩上形成强烈的对比，从而产生令人震撼的视觉冲击力（图 5-6）。

图 5-6　永福樱花茶园

（图片来源：李国煊摄）

5.2.5.2 彩色茶园

在海拔 500m 的霞浦县崇儒乡坪园村的高山上，有一片彩色茶园。彩色茶园与周围的青山形成强烈的色彩对比，成为视觉焦点，吸引众多游客前往观光。种植高经济价值和美学价值的农作物新品种而形成的农业景观是乡村景观营造的最好途径，这种景观将为乡村地区可持续发展提供持久的驱动力（图 5-7）。

图 5-7　坪园村彩色茶园

（图片来源：陈阳摄）

5.2.6　花　田

5.2.6.1　梯田莲海

坪上梯田莲海位于建宁县濉溪镇大源村，1 100 亩的梯田里种满了建莲，是全国最大的梯田莲海。当荷花盛开的盛夏，登上梯田的高处，放眼望去，群山环抱的梯田莲海，一幅山海相连的画面令人流连忘返，独特的景观使这里成为全国生态的赏莲胜地（图5-8）。

图5-8　坪上梯田莲海
（图片来源：林方喜摄）

建宁莲子，简称建莲，产于福建北部山区的建宁、建阳和浦城等县。建莲是睡莲科多年生水生植物，系金铙山红花莲与白花莲的天然杂交种，是建宁特产，久负盛名，迄今已有1 000多年的种植历史，被誉为莲中极品，为历代皇家贡品，建宁的清新空气和清澈的山泉为建莲生长提供了良好的条件。

坪上梯田莲海这种以生产莲子为目的，兼具很高美学价值的农业景观，跟周围的青山绿水组合在一起，形成了独具魅力的景点，吸引无数游客前往观光。

5.2.6.2　药用菊花田

松柏村位于南平市建阳区将口镇，全村面积27.8km²，其中山地面积34 084亩，耕地面积3 723亩，旅游资源丰富，围绕古云禅寺、云谷草堂、丘苑茶基地等特色景点大力发展生态旅游，药用菊花的引种不仅发展了特色农业产业，而且给松柏村添加了一抹亮丽的色彩，极大地助力了乡村旅游发展。初冬时节，松柏村花田里的菊花迎来了的盛花期，成片的菊花变成了美丽的花海，菊花采摘后，经过挑选、烘干和包装，就可售卖至各大市场。金丝皇菊等药用菊花适应性强，生长旺盛，种植比较容易，干花保存期长，市场广阔，经济效益高，是具有很高经济价值和美学价值的农作物。

5.3 农业景观保护与营造

5.3.1 农业景观保护

5.3.1.1 全球重要农业文化遗产保护

中国是一个农业大国，也是个农业古国，我们的祖先创造了灿烂辉煌的农业文化。我国古代农业科技走在世界的前面，而且对世界也产生了巨大的影响。

联合梯田等中国南方山地稻作梯田系统已成为"全球重要农业文化遗产"，是一个重要的生态系统。首先，在这个生态系统里，人们在不同的海拔高度上种植着许多水稻品种，蕴含了珍贵的水稻遗传资源。其次，梯田也为野生动植物提供了良好的生境，保护了生物多样性。再次，依托当地地形、土壤和水资源特点开垦的梯田，解决了山区水土流失的问题，通过保护森林创造了有效的自流灌溉系统，很好地解决了农业生产中灌溉用水等问题。最后，由森林、梯田、溪流、竹林、茶园、果园和村庄等景观要素构成了一幅自然和谐的画卷，展现了人类的生态智慧。

联合梯田这种被列为全球重要农业文化遗产名录的高价值农业景观，不仅要保护梯田生态系统本身，还要保护梯田周边的自然景观、生物多样性以及相关的农耕知识等文化景观。

5.3.1.2 地域特色农业文化景观保护

永福樱花茶园这种地域特色明显的农业文化景观，往往具有很高的农业、生态和游憩价值，应该保护其景观的完整性，避免景观破碎化。

5.3.1.3 农业生态系统保护

农业生态系统是在一定的时间和地区内，人类从事农业生产，利用农业生物与非生物环境之间以及与生物种群之间的关系，在人工调节和控制下，建立起来的各种形式和不同发展水平的农业生产体系。农业生态系统是由农业环境因素、绿色植物、动物和微生物四大基本要素构成的物质循环和能量转化系统，具备生产力、稳定性和持续性三大特性。

稻田、果园和茶园等农业生态系统是农业景观的重要组成部分，应该加以切实保护，尽量避免耕地占用，土壤污染和水土流失。

5.3.2 农业景观营造

5.3.2.1 特色农业导向的农业景观营造

特色农业是将区域内独特的农业资源开发成特有的名优产品，转化为特色商品的现代农业。特色农业以追求最佳效益即最大的经济效益和最优的生态效益、社会效益和提高产品市场竞争力为目的，依据区域内整体资源优势及特点，突出地域特色，围绕市场需求，坚持以科技为先导，以农村产业链为主，高效配置各种生产要素，以生产某一特定产品为目标，形成规模适度、特色突出、效益良好和产品具有较强市场竞争力的非均衡农业生产体系。

在发展特色农业中，形成像高寨柚海等农业景观不仅具有很高的农业价值，而且具有独特的游憩价值，这种农业景观是可持续的，适用大多数乡村地区。

5.3.2.2 观光农业导向的农业景观营造

观光农业是以农业为基础，以旅游为手段，以都市为市场，以参与为特点，以文化为内涵，为满足人们精神和物质享受而开发的可吸引游客前来开展观赏、品尝、娱乐和农耕体验等活动的农业。

在发展观光农业中，形成的像观赏型花海等农业景观游憩价值高，农业价值较低，这种农业景观适用城市郊区以及交通便利、风景优美的乡村地区。

6
景观评价

6.1 景观资源特征

6.1.1 直垄村

　　直垄村位于松溪县河东乡，位于一个小山谷，空间围合好。直垄村的玄武岩景观、野生禾雀花和传统民居很有特色，村庄的后山有一个火山口，火山爆发形成的玄武岩大部分已经被植物覆盖，有小部分还裸露在地表，这是比较稀缺的景观资源，山上的野生禾雀花，春天开花时非常美丽。村庄聚落景观有特色，建筑布局合理，没有现代建筑，房屋是土木结构，土墙色彩与村庄环境很协调。村子后山上保存着大面积的亚热带常绿阔叶林，农田以种植花木为主（图 6-1 和图 6-2）。

图 6-1　直垄村鸟瞰
（图片来源：课题组）

图 6-2　直垄村玄武岩
　　　　景观
（图片来源：课题组）

6.1.2 岩后村

岩后村位于松溪县河东乡，村庄处于一个平缓的山坡上，视野开阔。县道在村前通过，交通便利。乡村聚落背靠山峰，面向松溪。由于村庄位于松溪的两个水坝之间的岸边，这里水流缓慢，溪面宽阔，溪水清澈。聚落形态为散漫型村落，住宅零星分布。岩后村后山郁郁葱葱，保存着大面积的亚热带常绿阔叶林。民居既有传统古建筑，又有现代建筑，整个村庄聚落与周围环境比较协调。农田以水稻种植为主（图6-3和图6-4）。

图6-3 岩后村鸟瞰

（图片来源：课题组）

图6-4 岩后村聚落

（图片来源：课题组）

6.1.3　东边村

东边村位于宁德市蕉城区赤溪镇，村庄处于山麓的平地上，视野开阔。县道在村前通过，交通便利。乡村聚落背靠山峰，面向赤溪。赤溪水流舒缓，溪水清澈。聚落形态为块状集聚型村落。村庄后山周围群峰巍峨，树木苍翠，保存着大面积的亚热带常绿阔叶林。民居都是混凝土现代建筑，整个村庄聚落与周围环境比较协调。村边有一大片平坦的农田，农业以水稻种植为主（图6-5和图6-6）。

图6-5　东边村聚落鸟瞰
（图片来源：课题组）

图6-6　东边村农田
（图片来源：课题组）

6.1.4 上村村

上村村位于霞浦县盐田乡，杯溪和倒流溪在此交汇，是一个青山环绕的山间盆地，山上保存着大面积的亚热带常绿阔叶林。溪流从植被茂密的深山中流出，溪水碧绿，清澈见底，两岸分布着不少洁净的卵石溪滩。上村村始建于清朝初期，清朝风格的古民居外观古朴，乡土气息浓郁，形成了别具特色的建筑群。聚落依山傍水而建，北边背靠青山，南边面对平坦宽阔的农田，东西两条溪流环绕，并于南边汇合，村落背山面水。农业以种植水稻，西瓜和柿子为主（图6-7和图6-8）。

图6-7 上村村聚落鸟瞰
（图片来源：课题组）

图6-8 上村村农田
（图片来源：课题组）

6.1.5　山兜村

山兜村位于连江县丹阳镇，村庄处于一个平缓的山坡上，空间围合较好，视野开阔。高速公路和国道在村前通过，而且村口距高速出入口只有 3km 左右，交通非常便利。乡村聚落北靠青山，南边面对宽阔的梯田，聚落形态为散漫型村落，住宅零星分布。山兜村后山郁郁葱葱，保存着大面积的亚热带常绿阔叶林。民居既有三落厝等传统古建筑，又有现代建筑，整个村庄聚落与周围环境比较协调。农业生产以水稻种植为主（图 6-9 和图 6-10）。

图 6-9　山兜村聚落鸟瞰
（图片来源：课题组）

图 6-10　山兜村农田
（图片来源：课题组）

6.1.6 花竹村

花竹村位于霞浦县三沙镇，是一个沿海渔村，村庄处于一个较陡的山坡上，居高临下，视野开阔，海天相连，一望无际，近景浮标竹竿、中景鱼排木屋、远景岛屿帆影。花竹村还是观赏福瑶列岛全景的最佳地点，尤其以日出最为壮美。若逢云雾飘浮之日，海面上云蒸雾涌，福瑶列岛若隐若现，犹如海市蜃楼般迷人。民居以石头为主要建筑材料，房屋外墙的质感和色彩与周围环境相当协调，具有很高的美学价值。花竹村四周山地郁郁葱葱，这在沿海乡村比较稀缺（图6-11和图6-12）。

图6-11 花竹村鸟瞰
（图片来源：课题组）

图6-12 花竹村前面的小岛
（图片来源：课题组）

6.1.7 柘头村

柘头村位于霞浦县柏洋乡，是一个四面环山的山间小盆地，空间基本完全围合。周围山坡树木葱茏，一条小溪从山上流下，从村中穿流而过，溪水清澈，小溪上游有瀑布，瀑布周围林木茂密，空气非常好。整个村庄聚落古民居保存完好，没有不协调的现代建筑。民居以木材为主要建筑材料，房屋的质感和色彩与周围的田野和山林非常协调，具有较高的保护价值。村中有宋代著名词人谢邦彦等名人的纪念公园。农田比较平坦，农业以水稻种植为主（图6-13和图6-14）。

图6-13　柘头村鸟瞰
（图片来源：课题组）

图6-14　柘头村小瀑布
（图片来源：林方喜摄）

6.1.8 小马村

小马村位于霞浦县沙江镇，背倚黄瓜山，东临东吾洋，是一个背山面海，半渔半农的乡村。小马村有黄瓜山贝丘遗址、海埕汐路桥，抗倭古城堡和千年古樟树群等。在小马村背后的小山上，有黄瓜山贝丘遗址，它是闽东地区迄今为止唯一一处经科学发掘的史前时期的贝丘遗址，另一个是海埕汐路桥，它连接小马村与竹江岛，全长3 651 m，是目前国内发现的最长古代海埕石路桥建筑。农业以蔬菜和红心蜜柚种植为主，渔业以对虾养殖和浅海鱼蟹养殖为主（图6-15和图6-16）。

图6-15 小马村聚落和滩涂鸟瞰

（图片来源：课题组）

图6-16 小马村聚落和田野鸟瞰

（图片来源：课题组）

6.1.9　延亭村

　　延亭村位于霞浦县下浒镇，是一个环山面海的小渔村，空间围合较好，土地平坦。这里海域辽阔，山海相依，风光宜人，村庄周围群峰巍峨，巧石林立，树木苍翠，一条小溪从山上流下，从村边流过，溪水清澈。拥有优质的沙滩，沙白质柔，礁石形状各异。乡村聚落形态是块状集聚型村落，民居都是混凝土现代建筑，整个村庄聚落与周围环境比较协调。有少量农田，产业以渔业为主（图6-17和图6-18）。

图6-17　延亭村鸟瞰
（图片来源：课题组）

图6-18　延亭村的小沙滩
（图片来源：林方喜摄）

6.1.10　长沙村

　　长沙村位于霞浦县下浒镇，是一个背山面海的小渔村，村庄地处山坡上，视野开阔，山海相依，巧石林立，树木苍翠，还有白色大风车，有较大的沙滩。乡村聚落形态是散漫型村落。民居都是混凝土现代建筑。产业以浅海养殖等渔业为主（图6-19和图6-20）。

图6-19　长沙村鸟瞰
（图片来源：课题组）

图6-20　长沙村前面的沙滩
（图片来源：林方喜摄）

6.2 景观质量评价

6.2.1 景观评价方法

6.2.1.1 乡村景观资源调查

选择松溪县河东乡直垄村、松溪县河东乡岩后村、宁德市蕉城区赤溪镇东边村、霞浦县盐田乡上村村、连江县丹阳镇山兜村、霞浦县三沙镇花竹村、霞浦县柏洋乡柘头村、霞浦县沙江镇小马村、霞浦县下浒镇延亭村和霞浦县下浒镇长沙村 10 个村作为乡村景观资源调查点。

先使用无人机对整个村域进行拍摄，然后实地调查聚落、农田、溪流、森林等景观，并拍照乡村局部景观作为后期景观评价的依据。实地调查主要是在当地的村民带领下，到村域内的重要场地，勘察聚落、农田，森林，溪流等景观的细部，了解聚落的色彩，建筑材料，村庄的地形结构，空间尺度，水体的清洁度，水岸的生态环境等。向当地农林等政府部门工作人员、村书记和村主任了解村庄的粮食作物、蔬菜、果树和林木等种类，村庄的历史文化等。

6.2.1.2 乡村景观评价

参考 VRM（Visual Resources Management）系统并对它进行修改，建立以地形的围合度，空间尺度和视野，植被的覆盖度和生物多样性，水体的洁净度、形状和生态系统健康程度，色彩的丰富度，毗邻风景的视觉质量，独特性的程度以及人工景观的协调性为指标的适宜福建乡村的景观质量评价系统。使用地形、植被、水体、色彩、毗邻风景、奇特性以及人文景观 7 个指标，以评分标准为依据，对照乡村实地照片和文字资料，对直垄、岩后、东边、上村、山兜、花竹、柘头、小马、延亭和长沙 10 个村的景观质量进行评价，详细分析直垄等 10 个村的景观质量形成的原因。

6.2.2 景观评价标准

VRM（Visual Resources Management）系统是美国内政部土地管理局开发的用于土地景观价值评估的景观评价方法。本研究在 VRM 系统基础上对其进行修改，建立适宜福建的乡村景观质量评价系统，评价标准和评分依据见表6-1。

表6-1　乡村景观质量评价标准和评分依据

因　素	评价标准（得分）		
地　形	平坦的谷地，围合的空间，适宜的尺度；平缓的山坡，开阔的视野；高高垂直耸立的，巨大的露出地表的岩石（5）	形状上或尺度上的多样化的地形；虽不具主导性或特殊性，但存在有趣的细部特征（3）	几乎不存在有趣的景观特征（1）
植　被	植被覆盖度高，生物多样性高，表现为有趣的形状、质地和样式（5）	植被覆盖度中等，生物多样性较高（3）	植被覆盖度低，生物多样性贫乏（1）
水　体	清澈的、干净的水体，水岸生态良好，而且水体是主导性的景观要素（5）	水质一般的水体，水岸生态较好（3）	没有水，或水体水质差，水岸几乎没有植被（0）
色　彩	丰富的色彩组合、变化或鲜艳的颜色；在土壤、岩石、植被和水体中有令人愉快的色彩对比（5）	色彩有些强烈或变化，在土壤、岩石和植被中存在色彩对比，但不是主要景观要素（3）	很小的色彩变化、对比及令人兴趣的色彩（1）
毗邻风景	毗邻风景极大地提升了视觉质量（5）	毗邻风景适度地提升整个视觉质量（3）	毗邻风景对整个视觉质量影响很小或没有影响（0）
奇特性	在该地区非常令人难忘或非常稀罕。有观赏罕见的野生动物或野生花卉的机会（*5+）	与所在地区其他景色有点相似，但很有特色（3）	在村内很有趣，但在该地区很普通（1）
人文景观	人造景观在增进视觉和谐的同时，增加令人赏心悦目的视觉改变（2）	人造景观增加一点点或没有增加视觉变化，但也没有导入不协调的景观要素（0）	人造景观虽增加了视觉变化，但与周围的环境非常不协调，严重影响景观质量（-4）

注：* 本项评分值可以大于5分。将以上各单项评分值相加，划分出3个景观质量等级：A级，总分大于或等于19；B级，总分12～18；C级，总分小于11

6.2.3　景观评价结果

使用地形、植被、水体、色彩、毗邻风景、奇特性以及人文景观7个指标，对照上述评分依据，对直垄村等10个村的景观质量进行评价，评分结果见表6-2。

表6-2　乡村景观质量评价

景观评价单元	地形	植被	水体	色彩	毗邻风景	奇特性	人文景观	总分	景观质量分类
直垄村	4	4	3	4	4	5	1	25	A
岩后村	4	3	5	3	4	2	0	21	A
东边村	4	4	4	3	3	2	0	20	A
上村村	5	5	5	4	3	3	1	26	A
山兜村	5	5	3	3	4	2	1	23	A
花竹村	5	5	5	5	4	3	1	28	A
柘头村	5	5	5	4	3	2	2	26	A
小马村	5	3	4	4	5	5	2	28	A
延亭村	5	3	5	5	5	3	1	27	A
长沙村	5	3	5	5	5	2	1	26	A

6.2.4　景观评价分析

以下从地形、植被、水体、色彩、毗邻风景、奇特性以及人文景观这7个方面，分析直垄等10个村的景观质量。

6.2.4.1　直垄村

从表6-2可知，在直垄村这个景观质量评价单元中，总分25分，景观质量等级属于A级，由此可见，直垄村的整体景观质量是非常高的。地形4分，直垄村是一个山谷，空间围合良好。这个村周围山地与谷地之间的比例比较恰当，构成了尺度宜人，变化丰富的地形景观。植被4分，直垄村植被覆盖度高，植被类型变化丰富，植物多样性丰富，生态保护较好，植被景观质量高。水体3分，直垄村有溪流穿过村庄，山上有一个小型水库，没有工业污染，但溪流水量较小，水不构成主导性的景观要素。色彩4分，直垄村春天山上开满野生禾雀花、冬天满山红叶，色彩斑斓，植被中有令人愉快的色彩对比。毗邻风景4分，直垄村是围合谷地，相对独立，毗邻风景对它们的景观质量直接影响不大，但是村庄背靠的后山可以看到松溪盆地和对面植被良好的山峰，较大地提升了景观质量。奇特性5分，直垄村背靠的后山有火山爆发形成的玄武岩，玄武岩裸露在地表的，非常令人难忘或非常稀罕，而且有观赏罕见的野生花卉禾雀花的机会。人文景观1分，直垄村聚落布局合理，保护很好，房屋的土墙色彩柔和，很有特色，这些人文景观在增进视觉和谐的同时，增加令人赏心悦目的视觉改变。

6.2.4.2 岩后村

从表6-2可知，在岩后村这个景观质量评价单元中，总分21分，景观质量等级属于A级，岩后村的整体景观质量高。地形4分，岩后村紧邻松溪，溪流在这里形成一个弯曲，村庄位于山坡上，坡度平缓，视野良好。植被3分，岩后村植被覆盖度中等，植物种类较多，植被景观质量较高。水体5分，松溪从村边流过，溪水清澈，水面开阔，水构成主导性的景观要素。色彩3分，岩后村植被和溪水存在很小的色彩变化及对比。毗邻风景4分，溪流和植被良好的山峰，较大地提升了岩后村景观质量。奇特性2分，溪流在村内很有趣，但在该地区比较普通。人文景观0分，岩后村民居等人造景观增加了一些视觉变化，但也没有导入不协调的景观要素。

6.2.4.3 东边村

从表6-2可知，在东边村这个景观质量评价单元中，总分20分，景观质量等级属于A级，东边村的整体景观质量高。地形4分，东边村位于一个山谷，空间围合较好，地形景观有变化。植被4分，东边村植被覆盖度高，植物多样性丰富，生态保护较好，植被景观质量高。水体4分，东边村有溪流在村边流过，溪水清澈，水构成主导性的景观要素。色彩3分，东边村植被和田野存在很小的色彩变化及对比。毗邻风景3分，东边村是围合谷地，毗邻风景对它们的景观质量直接影响不大。奇特性2分，东边村山峰形状较有特色。人文景观0分，东边村的民居几乎是新的建筑，人造景观增加一点点视觉变化，但也没有导入不协调的景观要素。

6.2.4.4 上村村

从表6-2可知，在上村村这个景观质量评价单元中，总分26分，景观质量等级属于A级，由此可见，上村村的整体景观质量是非常高的。地形5分，上村村位于一个较大的山谷，有大片的农田，空间围合良好。植被5分，上村村植被覆盖度高，植物多样性丰富，生态保护好，植被景观质量高。水体5分，上村村处于双溪交汇之处，溪水清澈，水量丰富，水构成主导性的景观要素。色彩4分，上村村植被和古民居中有令人愉快的色彩对比。毗邻风景3分，上村村由于是围合谷地，相对独立，毗邻风景对它们的景观质量直接影响不大。奇特性3分，上村的地形和水体很有趣，但在该地区比较普通。人文景观1分，上村村聚落布局合理，古民居保护较好，增加令人赏心悦目的视觉改变。

6.2.4.5　山兜村

从表6-2可知，在山兜村这个景观质量评价单元中，总分23分，景观质量等级属于A级，山兜村的整体景观质量高。地形5分，山兜村是一个位于平缓山坡上的乡村，背靠大山，空间围合良好。植被5分，山兜村植被覆盖度高，植被类型变化丰富，植物多样性丰富，生态保护较好，植被景观质量高。水体3分，山兜村有溪流穿过村庄，村里有一个小型水库，但溪流水量较小，水不构成主导性的景观要素。色彩3分，山兜村植被和田野存在很小的色彩变化及对比。毗邻风景4分，山兜村由于是围合谷地，毗邻风景对它们的景观质量直接影响不大，但是村庄背靠的后山可以看到丹阳镇和对面植被良好的山峰，较大地提升了景观质量。奇特性2分，山兜村山峰很有趣，但在该地区比较普通。人文景观1分，山兜村聚落布局合理，古民居保护较好，这些人文景观在增进视觉和谐的同时，增加令人赏心悦目的视觉改变。

6.2.4.6　花竹村

从表6-2可知，在花竹村这个景观质量评价单元中，总分28分，景观质量等级属于A级，由此可见，花竹村的整体景观质量是非常高的。地形5分，花竹村是位于山坡上的一个滨海小村，视野良好，村前的大海中有许多小岛，地形景观富于变化。植被5分，花竹村植被覆盖度高，植物多样性丰富，生态保护较好，植被景观质量高。水体5分，花竹村濒临大海，水构成主导性的景观要素。色彩4分，花竹村石头民居、绿色的植被和蔚蓝的大海有令人愉快的色彩对比。毗邻风景5分，花竹村可以直接俯瞰大海，毗邻风景极大地提升了视觉质量。奇特性3分，花竹村前面的大海中的许多小岛和石头房很有趣，但在该地区比较普通。人文景观1分，花竹村聚落布局合理，房屋的石头墙色彩和质感都很好，增加了令人赏心悦目的视觉改变。

6.2.4.7　柘头村

从表6-2可知，在柘头村这个景观质量评价单元中，总分26分，景观质量等级属于A级，由此可见，柘头村的整体景观质量是非常高的。地形5分，柘头村是一个山谷小盆地，空间几乎完全围合，像一个世外桃源。植被5分，柘头村植被覆盖度非常高，植物多样性丰富，生态保护很好，植被景观质量非常高。水体5分，溪流穿过村庄，溪水清澈，小溪上游还有瀑布，水构成主导性的景观要素。色彩4分，柘头村民居色彩一致，几乎没有其他颜色，与青山和田野形成令人愉快的色彩对比。毗邻风景3分，柘头村由于是围合谷地，相对独立，毗邻风景对它们的景观质量直接影响不大。奇特性2分，柘头村瀑布很有趣，但在该地区比较普通。人文景观2分，柘头村聚落布局合理，古民居保护很好，房屋的色彩柔和，很有特色。

6.2.4.8　小马村

从表6-2可知，在小马村这个景观质量评价单元中，总分28分，景观质量等级属于A级，由此可见，小马村的整体景观质量是非常高的。地形5分，小马村濒临东吾洋，又有较大的一个山谷，空间围合良好。植被3分，小马村植物种类较多，植物多样性较丰富，植被覆盖度中等。水体4分，小马村内有小溪流过，流入村外海湾，水构成主导性的景观要素。色彩4分，农田、滩涂、海湾和山上的树木形成令人愉快的色彩对比。毗邻风景5分，村庄濒临大海，毗邻风景极大地提升了视觉质量。奇特性5分，在小马村有黄瓜山贝丘遗址和海埕汐路桥。人文景观2分，小马村聚落布局合理，海埕汐路桥和抗倭古城堡等人文景观在增进视觉和谐的同时，增加令人赏心悦目的视觉改变。

6.2.4.9　延亭村

从表6-2可知，在延亭村这个景观质量评价单元中，总分27分，景观质量等级属于A级，由此可见，小马村的整体景观质量是非常高的。地形5分，延亭村背靠青山，濒临大海，空间围合良好，地形景观变化丰富。植被3分，延亭村植被覆盖度较高，植物多样性较丰富。水体5分，山上有小溪流过村边，流入大海，小溪水量较大，村子面朝大海，水构成主导性的景观要素。色彩5分，蓝色的大海、洁净的沙滩、大风车、绿色植被及大块岩石构成了令人愉快的色彩对比。毗邻风景5分，村庄濒临大海，毗邻风景极大地提升了视觉质量。奇特性3分，村庄的后山上有许多裸露出地表的大块岩石很有趣，但在霞浦沿海的东冲半岛地区很普通。人文景观1分，延亭村聚落布局合理，村庄后山上用于风力发电的白色大风车很有特色，浅海的养殖景观富于美感，人文景观在增进视觉和谐的同时，增加令人赏心悦目的视觉改变。

6.2.4.10　长沙村

从表2可知，在长沙村这个景观质量评价单元中，总分26分，景观质量等级属于A级，由此可见，长沙村的整体景观质量是非常高的。地形5分，长沙村是一个滨海小渔村，空间开敞，沙滩洁净，山地与沙滩之间的比例比较恰当，构成了尺度宜人，变化丰富的地形景观。植被3分，长沙村植被覆盖度较高，植物多样性较丰富，植被景观质量较高。水体5分，山上有小溪流过长沙村，村子面朝大海，水构成主导性的景观要素。色彩5分，大海、沙滩、风车、植被及裸露岩石构成一幅美丽的画卷，有着令人愉快的色彩对比。毗邻风景5分。长沙村居高临下，可以直接俯瞰大海和远处的小岛风景，毗邻风景极大地提升了视觉质量。奇特性2分，长沙村背靠的后山有许多裸露出地表的岩石，在村内很有趣，但在霞浦沿海地区很普通。人文景观 1 分，长沙村后山上用于风力发电的白色大风车很有特色，浅海的养殖景观很美，人文景观，增加令人赏心悦目的视觉改变。

6.2.5 景观评价结论

使用乡村景观质量评价体系，对直垄、岩后、东边、上村、山兜、花竹、柘头、小马、延亭和长沙 10 个村的景观质量进行评价。评价结果显示花竹村和小马村景观质量最高，都是 28 分，东边村最低，但也有 20 分，10 个村的景观质量都属 A 级，这些乡村具有许多优秀自然和人文景观资源。

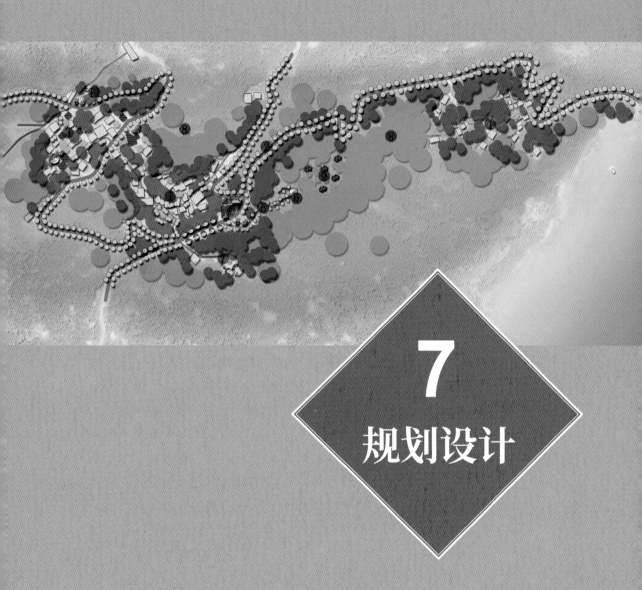

7
规划设计

7.1 乡村景观规划

7.1.1 规划方法

选定稻田，莲田，森林，果园，茶园，花园，菜园，村道，绿道，园路，河流，小溪，水渠，湖泊，池塘，民居，水坝，小桥、沙滩等景观元素，应用生态学原理进行规划，在尊重自然规律的基础上，形成乡村景观规划设计方案，以创造人与自然共享的生态系统。

7.1.2 规划案例

以下从森林，果园，花园，菜园，村道，绿道，河流，小溪，民居，水坝等方面对乡村景观资源进行综合分析，提出直垄等 10 个村的景观规划方案。

7.1.2.1 直垄村

直垄村的后山有一个火山口，火山爆发形成的玄武岩大部分已经覆盖有植被，有小部分还裸露在地表，这是比较稀缺的景观资源，应该禁止开采。野生禾雀花数量众多，春天开花时非常美丽，也应禁止砍伐。直垄村聚落景观有特色，建筑布局合理，没有现代建筑，房屋是土木结构，土墙色彩与村庄环境很协调，应坚持以原址原貌保护为主。此外，山上的水库四周森林密布，自然条件良好，水质清澈，在水库四周可以建设木栈道休闲设施。

直垄村民居在保持外观的同时，内部可以进行合理设计，改造成适合现代人生活要求的特色民宿以及民俗文化馆，村边的山麓可以开发全新的餐饮住宿等休闲设施。在村中的谷地建设包含休闲广场的乡村公园，并大量种植樱花等花木，在另一侧的山谷建设小型水库，修建栈道，为游客提供散步、休息和垂钓的舒适空间。从村庄修建一条登山步道到山顶，山顶上修建观景平台，步道沿途可以观赏玄武岩、野生禾雀花、远处的松溪谷地和对面的群山景色（图 7-1）。

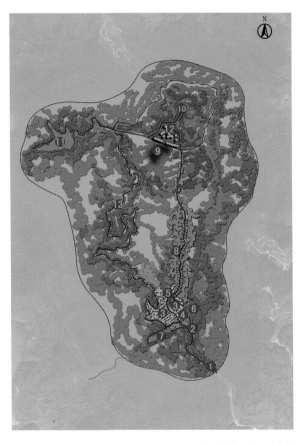

❶ 入口		❽ 苗木种植区	
❷ 廊桥		❾ 玄武岩	
❸ 花海		❿ 观景台	
❹ 村公园		⓫ 水库	
❺ 村落		⓬ 野生禾雀花	
❻ 休闲设施		⓭ 道路	
❼ 景观湖		⓮ 登山道	

图 7-1 直垄村景观规划平面图
（图片来源：课题组）

7.1.2.2 岩后村

岩后村紧邻松溪，水构成主导性的景观要素，由于有溪中建有大坝，溪水流速较慢，适宜开展游憩活动。溪边是村庄最重要的休闲空间，规划滨水景观步道，溪边大片农田规划为莲田，使莲田和松溪相通，建设栈道，廊桥，游船码头和停车场等休闲设施，改造村中的老旧房屋建设综合服务中心，发展乡村旅游（图7-2）。

7.1.2.3 东边村

东边村是一个赤溪边的小村，村边的一片农田可以建设木栈道和木屋以建成田园综合体，木屋以提供住宿和有特色的农家乐餐饮为主，从赤溪引水让溪水和田园综合体的水体相通，村口的地块建设包含停车场的休闲广场。村边的公路和进村的道路可以种植樱花、桂花和紫玉兰等景观树，使木屋等休闲设施得到适当的围合，并且增加场地色彩和环境舒适度（图7-3）。

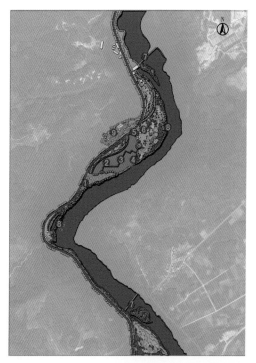

❶ 停车场
❷ 莲田
❸ 廊桥
❹ 码头
❺ 村头公园
❻ 村落
❼ 水坝
❽ 滨水景观步道
❾ 综合服务中心

图 7-2　岩后村景观规划平面图
（图片来源：课题组）

❶ 广场
❷ 栈道
❸ 木屋
❹ 道路
❺ 溪流
❻ 森林
❼ 村落
❽ 涵洞

图 7-3　东边村景观规划平面图
（图片来源：课题组）

7.1.2.4 上村村

上村村山上森林，山麓村落和果园，平地稻田，空间布局合理，这样布局是巧妙利用地形的最好案例之一。可以选择山顶和山坡的合适位置，建设观景台，让游客观景和休息。山麓地带的土地除了种植果树外，还可以种植茶叶和芳香植物。

上村村有大面积平坦的水田和果园，可以利用农业景观资源，发展观光休闲旅游。上村村农田除了种植水稻，开发五彩稻田外，还可以增加草莓、甜玉米、甘薯、油菜和紫云英等农作物新品种；园地除了种植柿、李、柚和葡萄等，还可种植蓝莓、苦柑、桑葚、猕猴桃和百香果等果树新品种以及樱花、紫薇、桂花、山茶花和紫玉兰等观赏价值高的花木。

杯溪水质清澈，白鹭低飞、绿树葱茏、翠竹青青，小溪里到处是光滑的鹅卵石，大部分水岸还保持自然的状态，丰富的生物多样性和繁茂的植物群落构成了清新幽静的氛围，充满了乡野气息和足够的魅力。可以充分利用这些资源，开展溯溪、游泳、漂流和野餐等户外休闲活动。在水流较缓慢的浅水处和溪边树木茂盛、水草丰盈的地方还可以进行垂钓。在溪岸较宽的地方建设步道、码头、长廊和凉亭等休闲设施，堤上种植优良樱花品种，形成樱花大堤。充分发挥上村古民居独特的资源优势，开发民宿、农耕文化馆、民俗文化馆、传统文化馆和特色手工艺品作坊等项目，拓展古民居的使用功能（图7-4）。

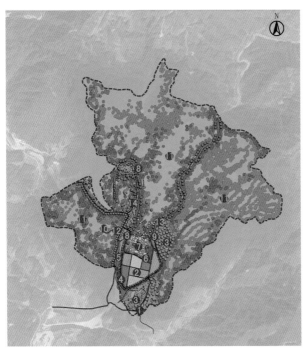

❶ 入口
❷ 五彩稻田
❸ 果园
❹ 樱花大堤
❺ 游憩码头
❻ 教堂
❼ 村落
❽ 溪滩
❾ 水坝
❿ 观景台
⓫ 森林
⓬ 登山道
⓭ 溪流
⓮ 道路

图7-4 上村村景观规划平面图
（图片来源：课题组）

7.1.2.5　山兜村

山兜村是位于山坡上的一个山村，空间围合，视野良好，交通便利，发展乡村旅游条件比较好。村中的三落厝具有很高的价值，应该进行保护和修缮，村后的山峰植被覆盖度高，生态保护较好，可以在树林中建设游憩设施。村前大片坡度较缓的梯田，适合开发成以菊花和金针菜等花卉为主的七彩花田。村中民居普遍较新适合开发成民宿，山麓前的平缓坡地可以建设乡村旅游接待中心（图7-5）。

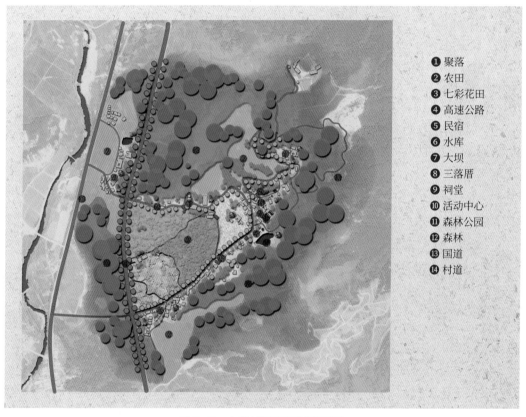

❶ 聚落
❷ 农田
❸ 七彩花田
❹ 高速公路
❺ 民宿
❻ 水库
❼ 大坝
❽ 三落厝
❾ 祠堂
❿ 活动中心
⓫ 森林公园
⓬ 森林
⓭ 国道
⓮ 村道

图7-5　山兜村景观规划平面图
（图片来源：课题组）

7.1.2.6　花竹村

花竹村是位于山坡上的一个滨海小村，视野良好，村前的一块台地规划日出广场，广场可以供游客观赏海景和海上日出，同时可以提供游憩和表演的场所。花竹村植被覆盖度高，生态保护较好，可以在树林中建设木屋，为高端游客提供住宿需求。花竹村石头房质感良好，应该尽量保护，可以开发成特色民宿。海边规划一个旅游码头，为游客出海游玩提供服务。在村中的山坳建一个文创中心，提供绘画、摄影和工艺品等创作和展示场所。村后的台地可以建设乡村旅游接待中心（图7-6）。

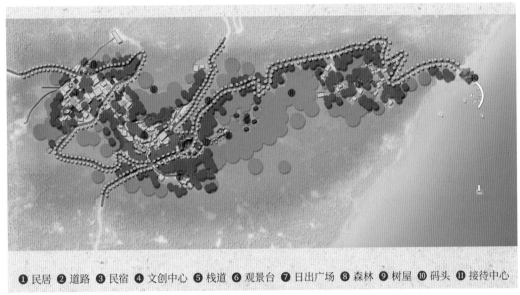

❶民居 ❷道路 ❸民宿 ❹文创中心 ❺栈道 ❻观景台 ❼日出广场 ❽森林 ❾树屋 ❿码头 ⓫接待中心

图7-6 花竹村景观规划平面图
（图片来源：课题组）

7.1.2.7 柘头村

柘头村森林密布，空间围合，有清澈的溪水和瀑布和古民居，村中已建有廊桥和名人公园。村中的古民居是宝贵的财富，应加以保护和修缮，选择一些条件较好的房子开发民宿等设施。小溪穿过村庄，是村庄主要的开放空间，可以在小溪上建设木栈道，为村民和游客提供一个游憩场所，此外，从村里沿溪边建设休闲小道通往小溪上游的瀑布。部分农田可以种植特色花卉，丰富乡村色彩（图7-7）。

7.1.2.8 小马村

小马村濒临东吾洋，又有较大的一个山谷，空间围合良好，有大片的农田和滩涂，可以发展特色瓜菜种植和高附加值的水产养殖。小马村内有小溪流过，流入村外海湾，水是小马村主导性的景观要素，在小溪里不仅养殖鲤鱼，还可以种植睡莲等水生花卉，可以对溪岸景观进行提升改造，使之成休闲的理想场所。贝丘遗址、汐路桥和古城堡要加以切实保护，小马油厂遗址可以改造成工艺品制作的乡村创意中心。条件较好的民居可以开发成农家乐和渔家乐（图7-8）。

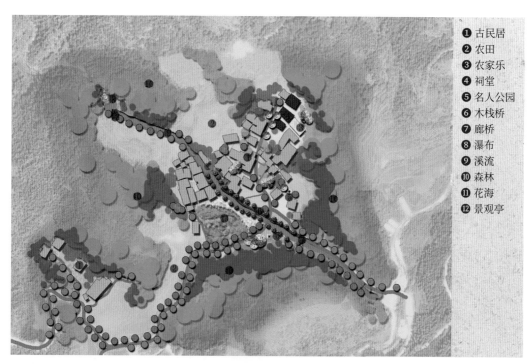

❶ 古民居
❷ 农田
❸ 农家乐
❹ 祠堂
❺ 名人公园
❻ 木栈桥
❼ 廊桥
❽ 瀑布
❾ 溪流
❿ 森林
⓫ 花海
⓬ 景观亭

图 7-7　柘头村景观规划平面图
（图片来源：课题组）

❶ 民居
❷ 道路
❸ 七彩花田
❹ 乡村创意中心
❺ 果园
❻ 黄瓜山贝丘遗址
❼ 农田
❽ 森林
❾ 海上牧场
❿ 水系

图 7-8　小马村景观规划平面图
（图片来源：课题组）

7.1.2.9　延亭村

延亭村地处海边，空间围合良好，地形景观变化丰富。已建有码头和海滨大道，民居为新建的钢筋混凝土房子，聚落布局合理。村边的小沙滩是一个相对独立的空间，适宜建设高级木屋度假区。流经村边的小溪流有山体遮挡，可扩展成渔船避风港。山上的平地适宜建设旅游接待中心，为游客提供住宿和观景，条件较好的民居可以发展渔家乐和民宿。村前的沙滩洁净宽阔，是休闲游憩的理想场所，应加以保护（图7-9）。

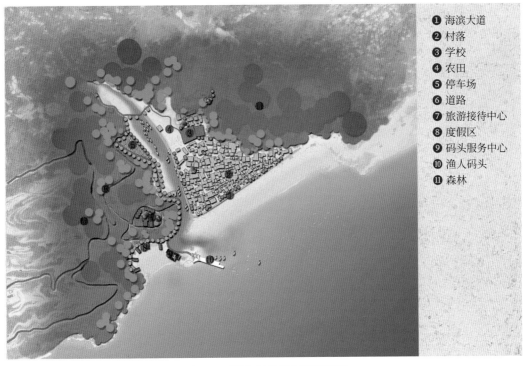

❶ 海滨大道
❷ 村落
❸ 学校
❹ 农田
❺ 停车场
❻ 道路
❼ 旅游接待中心
❽ 度假区
❾ 码头服务中心
❿ 渔人码头
⓫ 森林

图7-9　延亭村景观规划平面图
（图片来源：课题组）

7.1.2.10　长沙村

长沙村是一个位于山坡上的滨海小村，空间开敞，视野良好，沙滩洁净宽阔，民居密度小，土地资源较多。村前的沙滩和村后的岩石和植被，是宝贵的自然景观资源，应加以保护，避免遭到人为破坏。沙滩上建设茅草亭和旅游码头，沿沙滩建设景观绿道以及木平台等休闲设施，形成高端的海滨游憩场所。村中的空地可以新建民宿和游客接待中心，为游客提供高端的观景和食宿设施（图7-10）。

① 民居
② 旅游接待中心
③ 民宿
④ 道路
⑤ 茅草亭
⑥ 沙滩
⑦ 阳光广场
⑧ 木平台
⑨ 停车场
⑩ 渔人码头
⑪ 景观绿带
⑫ 森林

图 7-10　长沙村景观规划平面图
（图片来源：课题组）

7.2 乡村景观规划模式

7.2.1 规划模式（表 7-1）

表 7-1　乡村景观规划模式比较

规划模式	规划目标	规划对象	主要规划内容
产业导向型	农业高效经营，形成优势产业，延伸产业链	农业生产条件好的乡村	农作物和养殖品种选择，确定生产用地位置和范围
观光导向型	发挥乡村景观资源潜力，发展乡村旅游	农业生产条件一般，自然景观资源价值较高的乡村	开发田园综合体、休闲农场和休闲度假区等游憩设施
保护导向型	保护珍贵的自然景观和文化景观资源	具有高价值的自然景观和文化景观资源的乡村	确定保护区域和目标，提出保护和开发利用方案

7.2.1.1 产业导向型乡村景观规划模式

以产业优势和鲜明特色，实现农业生产要素集聚、农业高效经营和农业产业链不断延伸。针对每一个乡村特色，以主导产业融合相关产业，延伸文化创意和乡村休闲，发挥产业带动效应，比如，山兜村以花卉种植为主，小马村以蔬菜种植和对虾等水产养殖为主，发展高附加值的产业，带动乡村发展。

7.2.1.2　观光导向型乡村景观规划模式

发挥乡村景观资源潜力，发展乡村旅游。针对每一个乡村资源特色，规划建设田园综合体、休闲农场和休闲度假区等游憩设施，比如，岩后村以荷花和睡莲等水生花卉种植为主、建设水生花卉观光园，东边村利用村边的田园建设田园综合体，延亭村和长沙村则发挥海滨沙滩等资源优势，建设高端滨海休闲度假区。

7.2.1.3　保护导向型乡村景观规划模式

在水资源和森林等自然资源丰富，风景优美，具有传统田园风光、古村落以及乡村文化资源的地区，应保护好生态环境和文化资源，把珍贵的自然与文化景观资源变为经济优势，发展乡村旅游，比如，直垄村以保护和开发古民居、玄武岩和野生禾雀花为主，上村村以保护和开发古民居、溪流、森林和田园风光为主，花竹村以保护特色石头民居，森林以及海洋为主，柘头村以保护和开发古民居和森林为主，发展乡村旅游。

7.2.2　规划模式应用

从直垄村等 10 个乡村的景观规划案例中，可以发现乡村景观具有丰富的多样性，因此，规划方法也应该不同。山兜村和小马村两个村的聚落景观基本为新建民居，山兜村有大片的农田，小马村不仅有大片的农田，还有大片的滩涂，这些乡村应采取产业导向型规划模式，主要发展高附加值的种植和养殖业，此外，村里还有一些宝贵的文化遗产，因此也要加以保护。岩后村、东边村、延亭村和长沙村 4 个村由于基本没有高价值的文化景观，但都有较好的自然景观，这些乡村应采取观光导向型规划模式，结合农渔业生产开发景观资源，发展休闲产业。直垄村、上村村、花竹村和柘头村 4 个村有较高价值的传统村落和生态环境，这些乡村应采取保护导向型规划模式，严禁砍伐森林和污染溪流等，避免拆除和损坏传统民居，并尽可能加以修缮，同时尽量避免新建现代化的建筑物，如果有必要也必须经过科学论证再以适当的形式建设，以避免破坏原来的和谐景观，同时适当安排农业和水产养殖项目。

通过以上 10 个乡村景观规划，可以总结出产业导向型乡村，观光导向型乡村和保护导向型是乡村景观规划的 3 个主要模式。当然，乡村景观规划有时采用一种模式，有时可能同时采用 2 个甚至 3 个模式规划，在规划实践中应根据不同的乡村景观特征适当地应用这些规划模式，以创造更美的乡村景观。

　　乡村景观规划是乡村发展的一个重要内容，在乡村景观规划设计中应更多地从地形、森林、农业、水体和聚落等方面综合考虑，充分保护这些自然景观和文化景观，并加以合理利用，把资源优势转化为产业优势，应用生态规划的方法，选择一个适当的土地利用方案，为乡村地区的可持续发展寻找最佳路径，为村民创造更好的栖居环境和生活质量，为游客提供更美的乡村旅游目的地。

参考文献

程桂荪，1984.瑞士的饲草种植［J］.世界农业（6）：42-44，45-46.

丁沃沃，李倩，2013.苏南村落形态特征及其要素研究［J］.建筑学报（12）：064-068.

冯舒，汤茜，丁圣彦，2015.农业景观农地和非农绿地斑块属性特征及其结构优化研究［J］.中国生态农业学报，23（6）：733-740.

高杰，魏倩，林广思，2016.日本景观立法研究［J］.现代城市研究（2）：93-98.

吉田慎吾，2011.环境色彩设计技法［M］.北京：中国建筑工业出版社.37-38，46，104-106.

靳凤华，2006.论闽南传统建筑独特的地域色彩［J］.福建工程学院学报，4（6）：791-794.

凯瑞斯·司万维克，2006.英国景观特征评估［J］.高枫，译.世界建筑（7）：23-27.

凯文·林奇，2017.城市意象［M］.方益萍，何晓军，译.最新校订版.北京：华夏出版社.

梁正伟，2007.日本水稻生产和消费现状、问题与启示［J］.北方水稻（1）：70-77.

邱婷婷，车生泉，李玉红，等，2015.农业景观资源对旅游者的吸引力探究——基于旅游照片的内容分析［J］.上海交通大学学报（农业科学版），33（5）：68-75.

孙艺惠，陈田，王云才，2008.传统乡村地域文化景观研究进展［J］.地理科学进展，27（6）：90-96.

王静文，韦伟，毛义立，2017.桂北山地传统聚落景观图式的解构［J］.新建筑（3）：134-139.

王燕琴，（2017-10-17）［2019-09-25］.日本最新林业白皮书：阐述森林现状与森林整备和保护策略［EB/OL］.园林网.http://news.yuanlin.com/detail/20171017/259913.htm.

温瑀，王颖，2009.乡村景观的生态规划［J］.安徽农业科学，37（16）：7 766-7 767.

徐珊，黄彪，刘晓明，等，2013.从感知到认知——北京乡村景观风貌特征探析［J］.风景园林（4）：73-80.

袁敬，林菁，2019.乡村景观特征的保护与更新［J］.风景园林（5）：12-20.

张晋石，2013.20世纪荷兰乡村景观发展概述［J］.风景园林（4）：61-66.

珍妮·列侬，韩锋，2012.乡村景观［J］.中国园林，28（5）：54-58.

Gillet F, 2008. Modelling vegetation dynamics in heterogeneous pasture-woodland landscape［J］. Ecological Modelling, 217：1-18.

图 注

表　注